高质量用户体验

恰到好处的设计与敏捷UX实践

[美] 雷克斯·哈特森（Rex Hartson）
帕尔达·派拉（Pardha Pyla）—著 周子衿—译

清華大學出版社
北京

内容简介

本书兼顾深度和广度，涵盖了用户体验过程所涉及的知识体系及其应用范围（比如过程、设计架构、术语与设计准则），通过 7 部分 33 章，展现了用户体验领域的全景，旨在帮助读者学会识别、理解和设计出高水平的用户体验。本书强调设计，注重实用性，以丰富的案例全面深入地介绍了 UX 实践过程。

本书广泛适用于UX从业人员：UX设计师、内容策略师、信息架构师、平面设计师、Web设计师、可用性工程师、移动设备应用设计师、可用性分析师、人因工程师、认知心理学家、COSMIC 心理学家、培训师、技术作家、文档专家、营销人员和项目经理。本书以敏捷 UX 生命周期过程为导向，也可以帮助非 UX 人员了解 UX 设计，是软件工程师、程序员、系统分析师以及软件质量保证专家的理想读物。

图书在版编目(CIP)数据

高质量用户体验：第2版：特别版：恰到好处的设计与敏捷UX实践 / （美）雷克斯·哈特森（Rex Hartson），（美）帕尔达·派拉（Pardha Pyla）著；周子衿译. —北京：清华大学出版社，2023.2

书名原文：The UX Book: Agile UX Design for a Quality User Experience, 2nd edition

ISBN 978-7-302-60688-8

Ⅰ. ①高…　Ⅱ. ①雷… ②帕… ③周…　Ⅲ. ①人机界面—程序设计　Ⅳ. ①TP311.1

中国版本图书馆CIP数据核字(2022)第087921号

责任编辑：文开琪
封面设计：李　坤
责任校对：周剑云
责任印制：沈　露

出版发行：清华大学出版社
网　　址：http://www.tup.com.cn, http://www.wqbook.com
地　　址：北京清华大学学研大厦A座　　邮　　编：100084
社 总 机：010-83470000　　邮　　购：010-62786544
投稿与读者服务：010-62776969, c-service@tup.tsinghua.edu.cn
质量反馈：010-62772015, zhiliang@tup.tsinghua.edu.cn

印 装 者：小森印刷霸州有限公司
经　　销：全国新华书店
开　　本：185mm×230mm　　印　　张：54.75　　字　　数：1156千字
版　　次：2023年2月第1版　　印　　次：2023年2月第1次印刷
定　　价：256.00元(全4册)

产品编号：094314-01

北京市版权局著作权合同登记号 图字：01-2022-0599

The UX Book: Agile UX Design for a Quality User Experience, 2nd edition

Rex Hartson, Pardha S. Pyla

ISBN: 97801280534237

Authorized Chinese translation published by Tsinghua University Press.

高质量用户体验：恰到好处的设计与敏捷UX实践（第2版 特别版）.周子衿 译.

ISBN 978-7-302-60688-8

注 意

本书涉及领域的知识和实践标准在不断变化。新的研究和经验拓展我们的理解，因此须对研究方法、专业实践或医疗方法作出调整。从业者和研究人员必须始终依靠自身经验和知识来评估和使用本书中提到的所有信息、方法、化合物或本书中描述的实验。在使用这些信息或方法时，他们应注意自身和他人的安全，包括注意他们负有专业责任的当事人的安全。在法律允许的最大范围内，爱思唯尔、译文的原文作者、原文编辑及原文内容提供者均不对因产品责任、疏忽或其他人身或财产伤害及/或损失承担责任，亦不对由于使用或操作文中提到的方法、产品、说明或思想而导致的人身或财产伤害及/或损失承担责任。

“别慌！”

译注：原文为“Don’ t panic”，出自道格拉斯·亚当斯的《银河系漫游指南》：“在银河外东沿区更加悠闲处世的许多文明世界里，《银河系漫游指南》已经取代了《大银河系百科全书》的地位，成为所有知识和智慧的标准储藏库，因为尽管此书冗余颇多，且收纳了为数不少的杜撰篇章（至少也是缺乏实据的谬误猜想），但在两个重要的方面胜过了那部历史更悠久、内容更无趣的著作。”马斯克成功发射的猎鹰重型火箭搭载了一辆特斯拉，其中控台上有这句话。《银河系漫游指南》对马斯克有很大的启发，他说：“这本书让我领会到一点，真正的难点在于，想清楚如何提出问题。一旦找准问题，剩下的就很容易解决了。由此，我得出的结论是，我们应该努力扩大人类意识的深度和广度，以便提出更好的问题。事实上，唯一有意义的事就是努力提高全人类的智慧。”中文也有类似的智慧表达“何事慌张”。

前言

“UX”是指“用户体验”

欢迎阅读第 2 版。我们认为，最好先让大家知道，“UX”是用户体验的简称 (User eXperience)。简单地说，用户体验是用户在使用前、使用中和使用后所感受到的，通常综合了可用性 (usability)、有用性 (usefulness)、情感影响 (emotional impact) 和意义性 (meaningfulness)。

本书目标

理解什么是良好的用户体验以及如何实现它。本书的主要目标很简单：帮助读者学会识别、理解和设计高质量用户体验 (UX)。有时，高质量的用户体验就像一盏明灯：当它发挥效用时，没有人会注意到它。有时，用户体验真的很好，会被注意到甚至被欣赏，会留下愉快的回忆。或者有时，糟糕的用户体验所带来的影响会持续存在于用户的脑海中，挥之不去。所以，在本书的开头，我们要讨论什么是积极正向的高质量的用户体验。

强调设计。高质量用户体验的定义容易理解，但如何设计却不太容易理解。也许本书这一版最显著的变化是我们强调了设计——一种突出设计师创作技巧和洞察力的设计，体现技术与美学和用户意义如何合成。本书第Ⅲ部分展示多种设计方法，以帮助大家为自己的项目找到正确的方法。

给出操作方法。本书大部分内容都设计成操作手册和现场指南，作为渴望成为 UX 专业人士的学生和渴望变得更优秀的专业人士的教科书。该方法注重实用，而不是形式化或理论化的。我们参考了一些相关科学，但通常是为实践提供背景，因而不一定会详细说明。

读者的其他目标。除了帮助读者学习 UX 和 UX 设计的主要目标，读者体验的其他目标包括确保做到以下几点。

- 让大家对 UX 设计有浓厚的兴趣。
- 书中包含的内容很容易学习。
- 书中包含的内容很容易应用。
- 书中包含的内容同时适用于学生和专业人士。
- 对于广大读者，这种阅读体验至少有那么一点趣味性。

全面覆盖 UX 设计。我们的覆盖范围具有以下目标。

- 理解的深度：关于 UX 过程不同方面的详细信息 (就像有一个专家陪伴着读者)。
- 理解的广度：若篇幅允许，就尽可能全面。
- 广泛的应用范围：过程、设计基础结构、词汇，还包括各种准则。它们不仅适用于 GUI 和 Web，还适用于各种交互方式和设备，包括 ATM、冰箱、路标、普适计算、嵌入式计算和日常物品及服务。

可用性仍然很重要

对可用性 (usability) 的研究是高质量用户体验的关键组成部分，它仍然是人机交互这个广泛的多学科领域的重要组成部分。它着眼于版主用户超越技术，只专注于完成事情。换言之，就是要让技术为人类赋能，去完成更多的事情，并且在这个过程中尽可能地透明。

但用户体验不仅仅局限于可用性

随着交互设计这一学科的发展和成熟，越来越多的技术公司开始接受可用性工程的原则，投资于先进的可用性实验室和人员来“做可用性”。随着这些努力越来越能确保产品具有一定程度的可用性，进而使这一领域的竞争更加公平，出现了一些新的因素来区分竞争性产品设计。

我们将看到，除了传统的可用性属性，用户体验还包括社会和文化、对价值敏感的设计以及情感影响——如何使交互体验包括“使用的乐趣”(joy of use)、趣味 (fun)、美学 (aesthetics) 以及在用户生活中的意义性 (meaningfulness)。

重点仍然在于为人而设计，而不是技术。所以，“以用户为中心的设计”仍然是一个很好的描述。但是，现在它被扩展到在更新和更广泛的维度上了解用户。

一种实用方法

本书采取一种实用的 (practical)、应用的 (applied)、动手做的 (hands-on) 方法，应用成熟和新兴的最佳实践、原则以及经过验证的方法，来确保交付高质量的用户体验。我们的方法注重实践，借鉴设计探索和设想的创造性概念，做出吸引用户情感的设计，同时朝着轻量级、快速和敏捷的过程发展——在资源允许的情况下把事情做好，而且在这个过程中不浪费时间和其他资源。

实用的 UX 方法

本书第 1 版针对每个 UX 生命周期活动描述了大部分严格的方法和技术，更快速的方法则讲得比较分散。如果需要严格方法来开发复杂领域的大规模系统，UX 设计师仍然可以在本书中找到他们需要的内容。但新版进行了修订来体现这样的事实——敏捷方法在 UX 实践中已经发挥了更大的作用。我们将以实用性为中心来兼顾严格和正式，我们的过程、方法和技术从实用的角度对严格和速度进行了妥协，它们适合所有项目中的大部分活动。

从工程方向到设计方向

长期以来，HCI 实践的重点是工程，从可用性工程和人因工程中激发灵感。本书第 1 版主要反映这种方法。在新版中，我们从聚焦于工程转向更侧重于设计。在以工程为中心的视角下，我们从约束开始，并尝试设计一些适合这些约束的东西。现在，在以设计为中心的理念下，我们设想一种理想的体验，然后尝试突破技术的限制来实现它，进而实现我们的愿景。

面向的读者

本书适合任何参与或希望进一步了解如何使产品具有高质量的用户体验的人。一类重要的读者是学生和教师。另一类重要的目标读者包括 UX 从业人员：UX 专家或其他在项目环境中承担 UX 专家角色的人。专家的观点与学生的观点非常相似，即两者都有学习的目标，只不过环境略有不同，动机和期望也可能不同。

我们的读者群体包括所有种类的 UX 专家：UX 设计师、内容策略师、信息架构师、平面设计师、Web 设计师、可用性工程师、移动设备应用设计师、可用性分析师、人因工程师、认知心理学家、COSMIC 心理学家、培训师、技术作家、文档专家、营销人员和项目经理。这些领域中的任何一类读者都会发现本书在实践方法上的价值，可以主要关注具体如何做。

与 UX 专家一起工作的软件人员也能从本书中受益，包括软件工程师、程序员、系统分析师、软件质量保证专家等。如果是需要按要求做一些 UX 设计的软件工程师，也会发现本书很容易阅读和应用，因为 UX 设计生命周期的概念与软件工程中的概念是类似的。

自第 1 版以来发生了哪些变化

有时，着手写第 2 版时，最终基本上是在重新写一本新书。本版就是这种情况。自第 1 版以来，发生了很多变化，包括我们自己对这个过程的理解和经验。这里要引用波特很久以前说的话："这部关于自行车运动的健康、乐趣、优势和实践的作品，其大部分内容基于作者以前同一个主题的著作，并主要基于他在 1890 年出版的同名书籍。但自作品问世以来，发生的变化大到以至于新版并不只是简单的修订，而是完全重写，推陈出新，删除过时的部分，增加许多新的和重要的内容。(Porter, 1895)"

新的内容和重点

第 2 版引入了一些新的主题和内容排列方式，具体如下。

- 加强了对设计的关注。许多面向过程的章节都强调了设计、设计思想和生成性设计。我们甚至稍微改了改书名来反映这一重点 (高质量用户体验与敏捷 UX 设计)。
- 用新的方式讲述过程、方法和技术。前几章建立与过程相关的术语和概念，为后面的章节的讨论提供相关的背景。
- 整本书以敏捷 UX 生命周期过程为导向，以更好匹配作为当前事实上的标准的敏捷软件工程方法。我们还引入了一个模型 (敏捷 UX 漏斗模型) 来解释 UX 在各种开发环境中的作用。
- 商业产品视角和企业系统视角。这两种截然不同的 UX 设计环境现在得到明确的认可并被区别对待。

更精炼的文字

第 1 版有读者反馈是希望我们的文字更精炼。因此，为了使第 2 版更容易阅读，我们尝试了通过消除重复和冗长的文字来使其更加简洁明了。看过本书后，大家会发现我们完美解决了这个问题。

本书不涉及哪些内容

本书并不是针对人机交互领域进行的调查，也不是针对用户体验进行的调查。它也不是着眼于人机交互的研究。虽然这本书很广很全面，但我们不可能涉及所有 HCI 或 UX 的内容。如果你最喜欢的主题并未包含在内，我们表示歉意，因为我们必须在某处划定界限。此外，许多额外的主题本身就相当广泛，以至于本身就可以 (而且大多数都能) 独立成书。

本书不涉及以下主题：

- 无障碍访问、特殊需要和美国残疾人法案 (ADA)
- 国际化和文化差异
- 标准
- 人体工程学的健康问题，如重复性压力伤害
- 特定的 HCI 应用领域，如社会挑战、医疗保健系统、帮助系统、培训以及为老年人或其他特殊用户群体设计等
- 特殊的交互领域，比如虚拟环境或三维交互
- 计算机支持的协同工作 (CSCW)
- 社交媒体
- 个人信息管理 (PIM)
- 可持续性 (原本计划包括，但篇幅实在有限)
- 总结性 UX 评估研究

关于练习

一个名为“售票机系统”(Ticket Kiosk System，TKS) 的虚构系统被用作 UX 设计的例子，来说明过程所有相关章节的材料。在这个运行实例中，我们描述了可供模仿以构建自己的设计的活动。练习是本书学习过程中重要的组成部分。在基于 TKS 进行动手练习方面，本书有些像活动用书。在每个主题之后，可以立即应用新学到的知识，通过积极参其应用来学习实用技术。本书的组织和编写是为了支持主动学习 (边做边学)，而且大家也应该这样使用。

练习要求中等程度的参与，介于正文中的例子和完整的项目作业之间。

按顺序进行。每章都建立在之前的过程相关章节基础上，并为整个拼图添加了一个新的部分。每个练习都基于在你在前几个阶段学到和完成的，这和真实世界的项目一样。

如果可以，请以团队的形式进行练习。优秀的UX设计几乎总是团队协作的成果。至少和另外一个感兴趣的人一起完成练习，这可以大大增强你对内容的理解和学习。事实上，许多练习是为小团队(例如三到五人)设计的，涉及多个角色。

团队协作有助于你理解在创造和完善UX设计时发生的各种沟通、交互和协商。如果可以一名负责软件架构和实现的软件开发人员(至少可以出一个工作原型)来调剂经验，显然可以促成许多重要的沟通。

学生在课堂上应以团队的形式做练习。如果是学生，做练习最好的方式是以团队为基础的课堂练习。这些练习很容易改为在课堂上作为一套持续的、为期一学期的交互式课堂活动使用，以理解需求、设计方案、候选设计的原型和UX评估。教师可观察和评论团队的进展，也可与其他团队分享你们的“经验教训”。

UX专家应在获得许可的前提下在工作中做这些练习。如果是UX专家或渴望通过在职学习成为UX专家，请尝试在常规工作中学习这些素材，最好的方式是参加一个集中的短期课程，其中要有团队练习和项目。我们以前教过这样的短期课程。

另外，如果工作小组中有一个小型UX团队(也可能是预期要在真实项目中一起工作的团队)，且工作环境允许，就可以留出一些时间(例如每周五下午两个小时)来进行团队练习。为证明这样做的额外开销是合理的，可能要说服项目经理相信这样做有价值。

个人仍然可以做练习。不要因为没有团队就不做。试着找到至少一个能和你一起工作的人。实在不行的话，就自己做。虽然让自己跳过练习很容易，但我们还是要敦促你，只要时间允许，每个练习就尽可能去做。

团队项目

学生。除了结合书中练习的小规模系列课内活动外，我们还提供了具有完整细节和需要更多参与的团队项目。我们认为，对于采用本书作为教材或教参的课程，为期一个学期的团队项目是“边学边做”的重要部分。这些团队项目一直是课程中要求最高同时也最有价值的学习活动。

在这个为期一个学期的团队项目中，我们使用了来自社区的真实客户，某个需要设计某种交互式软件应用程序的本地公司、商店或组织。客户可以得到一些免费的咨询，甚至(有时)得到一个系统原型。作为交换，对方要成为项目的客户。本书教参中有一套团队项目任务的样本，可向出版商申请。

UX 专家。为了开始在真实工作环境中应用这些材料，你和你的同事可选择一个低风险但真实的项目。你的团队可能已经熟悉，甚至对我们描述的一些活动有经验，甚至可能已经在你的开发环境中做了其中的一些。通过使它们成为更完整、更理性的开发生命周期的一部分，你可以将自己所知道的与书中介绍的新概念结合起来。

致谢

首先，我 (RH) 感谢我的妻子 Rieky Keeris。写作本书时，她为我提供了一个快乐的环境，并给了我莫大的鼓励。

我 (PP) 要感谢我的父母、我的兄弟 Hari 和我的嫂子 Devaki，感谢他们的爱和鼓励。在我写这本书的过程中，他们容忍了我长期缺席家庭活动。我还必须感谢我的哥哥，他是我最好的朋友，在我的一生中不断地给予我支持。

我们很高兴向 Debby Hix 表示感谢，感谢她总是尽心尽职地和同事们展开沟通。也感谢弗吉尼亚理工大学与 Roger Ehrich、Bob 和 Bev Williges、Manuel A. P´erez-Quiñones、Ed Fox、John Kelso、Sean Arthur、Mary Beth Rosson 和 Joe Gabbard 长期以来的专业联系和友谊。

还要感谢卡内基梅隆大学的 Brad Myers，一开始他就很支持这本书。

特别感谢弗吉尼亚理工大学工业设计系的 Akshay Sharma 允许我们拍摄他们的创意工作室和工作环境，包括工作中的学生和他们制作的草图和原型。最后，感谢 Akshay 提供了许多照片和草图并允许我们用在设计章节中作为插图。

感谢 Jim Foley、Dennis Wixon 和 Ben Shneiderman 的积极影响，我们与他们的私交可以追溯到几十年前，并且超越了工作关系。

感谢审稿人和编辑的勤奋和专业精神，他们提出的宝贵建议帮助我们把书写得更好了。

我 (RH) 将永远感谢 Phil Gray 和格拉斯哥大学计算科学学系的人员对我的热情欢迎，他们在 1989 年接待并使我有一段精彩的休假时光。特别感谢格拉斯哥大学心理学系的 Steve Draper，他在那里为我提供了一个舒适而温馨的住处。

非常感谢 Kim Gausepohl，他在将 UX 融入现实世界的敏捷软件环境方面起到了传声筒的作用。还要感谢我们的老朋友 Mathew Mathai 和弗吉尼亚理工大学 IT 部门的网络基础设施和服务团队的其他人。Mathew 使我们能进入现实世界中的敏捷开发环境，我们从中学到了不少宝贵的经验。

特别感谢 Ame Wongsa 多年来针对设计的本质、信息架构和 UX 实践所进行的许多有见地的谈话，此处还为我们提供了国家公园露营应用实例的线框图。也要感谢 Christina Janczak 为我们提供了这个例子的情绪板和其他视觉设计以及本书英文版封面的设计。

最后，感谢 Morgan Kaufmann 出版社的 Nate McFadden 以及其他所有人的支持。与他们的合作非常愉快。

简明目录

详细目录

第Ⅲ部分　UX 设计

第Ⅳ部分 原型化候选设计

第Ⅲ部分

UX 设计

第Ⅲ部分用几章来讲述 UX 设计。首先描述设计的本质。然后讨论了自下而上和自上而下设计的关键区别。接着讲了生成式设计中的构思、草图和评审活动。随后用一章讲述设计师和用户心智模型如何在概念设计中结合到一起。最后，我们用三章来讲述 UX 设计背景下的人类需求 (human need) 金字塔的每一层：设计生态需求、交互需求和情感需求。

第 12 章

UX 设计的本质

本章重点

- 将思维模式从使用研究转变为设计
- 设计的普遍性及其与其他领域的关系
- 设计作为名词和动词的定义
- 设计的目的：满足人类需求
- 信息、信息设计、信息架构及其在 UX 设计中的作用
- 总体设计创建生命周期通过以下过程的迭代来扩展保真度 (细节的实质和丰富程度)：
    - 生成式设计
    - 中级设计
    - 详细设计
    - 设计完善

12.1 导言

12.1.1 当前位置

在每章的开头，都会以“当前位置”(You Are Here) 为题，介绍本章在“UX 轮” (The Wheel) 这个总体 UX 设计生命周期模板背景下的主题 (图 12.1)。本章介绍了 UX “设计解决方案” 生命周期活动，并讨论了设计的本质。

用户研究数据抽取 (第 7 章) 是经验性的，用户研究数据分析 (第 8 章) 是归纳性的，用户故事和需求提取 (第 10 章) 是演绎性的，设计则是综合性的。

本章描述了设计——尤其是 UX 设计——的特点。具体怎么设计 (how-to) 则在后续各章讲述。

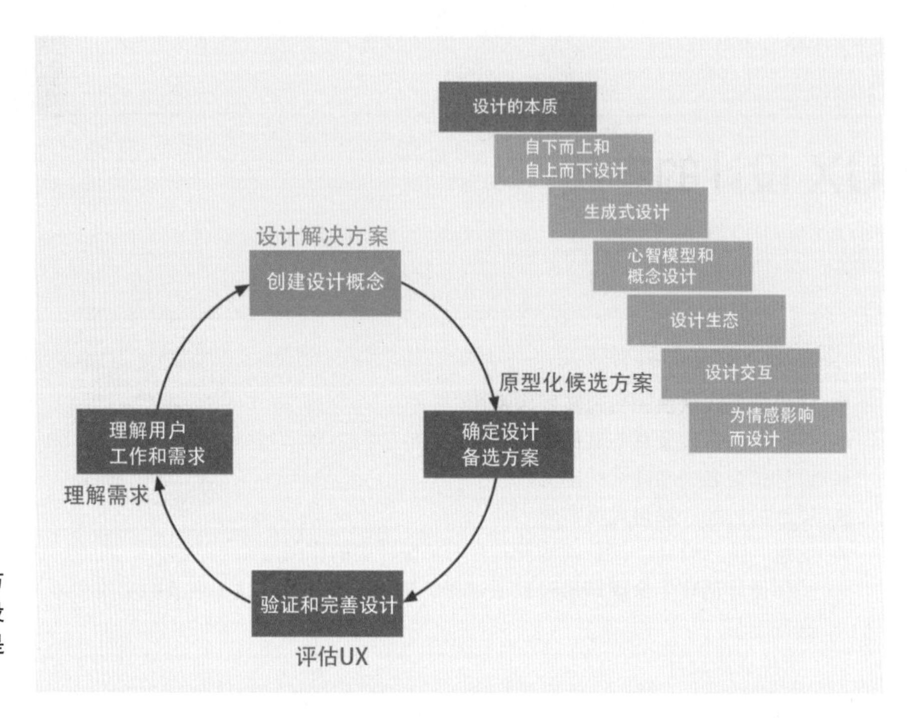

图 12.1
当前位置：在“设计解决方案”生命周期活动中理解设计的本质。整个轮对应的是总体的生命周期过程

12.1.2 跨越从分析到设计的差距

在本书这一部分，我们将重点从使用研究转向设计。这要求将我们的视角从现有的工作领域和工作实践转变为一个设想中的设计领域和工作实践。向设计的过渡通常被认为是 UX 生命周期过程最困难的一步，要为此做好心理准备。Beyer and Holtzblatt (1998, p. 218) 提醒我们：“设计在数据中并不明显。数据只能指引、约束和建议设计可能响应的方向。”

换言之，设计不是简单做一下转换就可以了；它不是直接用技术工件对现有工作实践中的工作流程进行重建。这样解决不了任何现有的故障、问题或低效率，而且只会因为新引入的技术而带来更多限制。此时需要转变思维方式，专注于创建新的解决方案。

拉里 • 伍德 (Larry Wood) 将向设计的转变称为“魔术般的一步”(Wood, 1998)。在这本书中，还有其他许多作者分享了他们自己实现这种转变的经验和方法。

12.1.3 设计的普遍性及其与其他领域的关系

设计是普遍通用的 (universal)，它关于的是如何使用不同的媒体创造产品和体验，以帮助人类满足各种需求。

设计是许多其他创意领域的核心活动。时尚是关于服装的设计，在功能层面上是关于保护人类免受天气的影响。但它还涉及更多。服装设计师使用颜色、面料和形状来创造有无限变化的时尚体验。

在所有设计领域中，或许工业设计是最接近我们在 UX 中所做的。在过去十年中，随着手持和可穿戴设备等技术的繁荣，工业设计和 UX 变得密不可分。智能手机或智能手表的用户体验不仅来自软件用户界面，还来自“容纳”该用户界面的产品的形状、材质、材料和外形。

无论哪个领域，所有这些设计工作都共享相同的基本过程活动，即理解、创建、原型设计和评估。每个学科的词汇和领域知识可能不一样，但它们最终都是关于创造产品来解决问题并满足人类需求。

12.1.4　与建筑设计的关系

建筑是一个以设计为重的领域，是一个为用户体验提供灵感的领域。建筑是一门关于设计空间以支持人类及其需求、维持甚至美化生活和工作的学科。

这种情况下的空间包括从城市、社区、房屋、社区场所和办公室到连接它们的基础设施的一切。

伟大的建筑设计不仅提供庇护，还可能诞生出充满活力的社区，并引发强烈的情感反应。例如，当人们走在纽约市彭博社全球总部 (本书作者之一以前工作过的地方) 的六楼，看到这张图片中的场景 (图 12.2) 时，他们会感受到一种运动和敬畏的感觉。

图 12.2
彭博大厦的空间设计显得非常有活力

彭博大厦的参观者表示，他们体验到一种精力充沛和快节奏的感觉。这个空间的每一个元素都由建筑师精心设计，以唤起那种活力和连通性的体验。步入中庭，人们在空间和数字显示器之间穿梭，随处可见的最新财务指标、天气和突发新闻，营造出了一种非常有活力的感觉。宽敞的空间和高高的天花板与环绕着一个气势非凡的中庭的弧形玻璃相结合，使人感觉非常宏伟。

12.1.5 设计的跨学科本质

我们在 1.2.5.2 节说用户体验“是用户在和制品接触和沟通过程中看到、做到、听到和感觉到的所有效果以及这些制品的所有行为之总和。”鉴于这种广度，UX 设计团队应具有广泛的技能和背景，具体如下。

- 问题解决、分析和推理的专业知识。
- 约束求解和优化的专业知识。
- 产品开发专业知识，包括估算、预算和时间线。
- 工作领域和设计平台的主题专业知识。
- 关于特定技术的设计专业知识。
- 艺术、文化、人文科学和社会科学的专业知识。

12.2 什么是设计

人们在许多不同的领域都研究过设计的主题、它是什么以及具体如何做。这可能是人类最早具身的技能，从将各种器物塑造成工具开始。

设计研究随着时间的推移保持了其相关性，这体现在各种各样的视角、实践和问题中。设计团队中的图形或视觉设计师可能从情感、快乐和艺术的角度来考虑设计。

可用性分析师可能从诊断的角度考虑设计。 顾问和设计机构可能从卖的是什么、谁来支付费用以及如何为其预算的角度来看待设计。 另一个常见的观点是，设计关于的是形式 (产品的形状) 和功能 (产品的目的)。撇开这些角度不谈，本书主要以两种方式来考虑设计。

“设计”一词的两种用法

大多数词典从两个主要维度定义“设计”(design) 一词：作为动词 (创建这一行动) 和作为名词 (产品或系统的最终概念或计划)。例如，iPod 经典款上的点按式选盘是一个设计元素 (设计作为名词)，它是经由创建这一过程 (设计作为动词) 的结果而创建的。图 12.3 展示了“设计”这一术语的使用方式之间的简单关系。

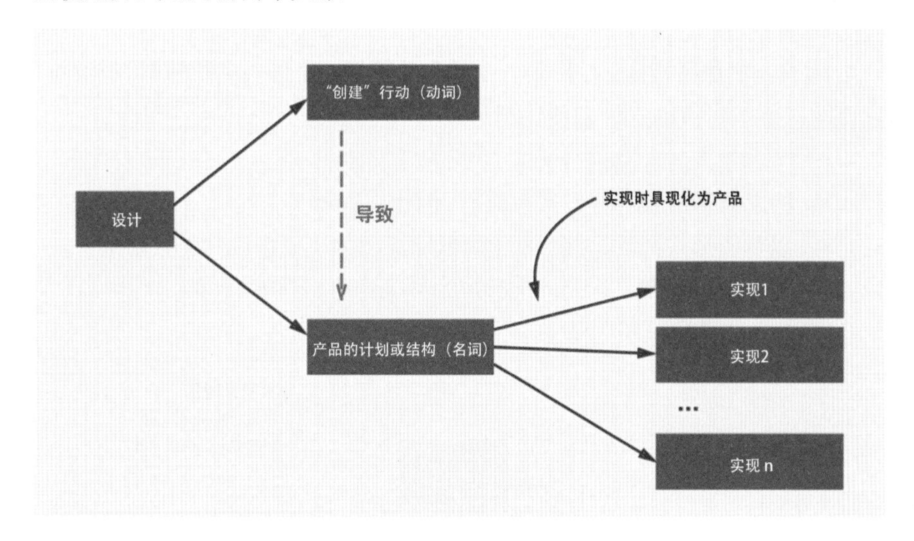

图 12.3
作为名词和动词的“设计”

1. 设计作为名词

设计作为名词的定义是产品或系统的一个概念或计划。它关于的是要执行或构建的元素的组织 (organization)、组成 (composition) 或结构 (structure)。[①] 当我们听到有人说“我喜欢这个设计”或“这个设计很糟糕”时，他们说的是产品背后的设计思路。进一步拓展这个定义，作为名词的“设计”尤其关注的是一个抽象构造 (construct)，它代表设计师构思一个产品的方式，是对产品的计划或结构的描述。

作为名词的设计不是指以有形对象或系统的形式实例化该构造。有形的对象或系统只是设计的一种可能的实现。事实上，并非所有设计都能在尝试具现化时成功。一些计划在付诸实施时 (要么用原型来模拟结果，要么进行一次真正的实现) 会暴露出存在的缺陷。意外的限制、不可预见的技术限制或其他尚未发现的遗漏可能迫使对这些计划进行修订。

2. 设计作为动词

作为动词的设计是指创建以前不存在的东西的一个行动。即创建已知问题的解决方案，或创建用于查找问题的解决方案。这是总体生命周期中的“设计解决方案”框 (参见图 2.2)，我们在其中创建设计。

① https://www.merriam-webster.com/dictionary/design

可从下面两个角度来看待这个框。

- 所涉及的活动的本质。
- 随着此活动后续的每一次迭代，输出的保真度逐渐增加(细节程度增大)。

从第一个角度看，设计框是一个子生命周期，是更大生命周期的缩影，它遵循以下基本活动(图 12.4 顶部)：

- 考虑输入并对其进行合成("分析"行动)。
- 构思以形成设计提案或思路("创建"行动)。
- 以草图形式捕捉这些想法(最低保真度的"原型设计"行动)。
- 评审设计提案或思路，进行取舍并确定可行性("评估"行动)。

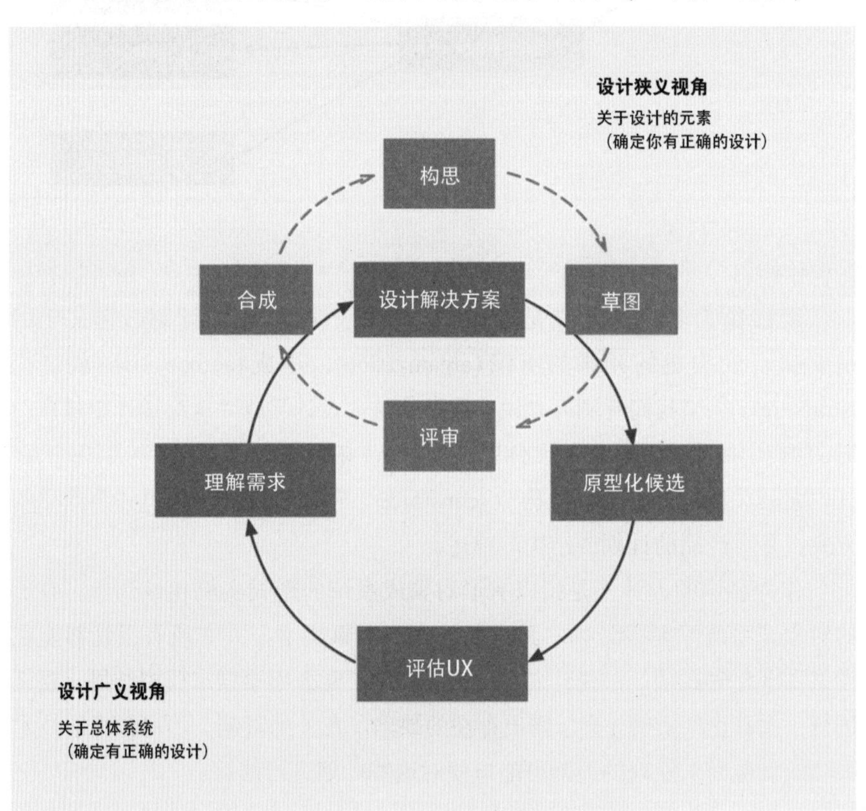

图 12.4
在"设计解决方案"生命周期活动中进行综合、构思、草图和评审的子生命周期

第 14 章在讲述生成式设计时会从这个角度看问题。

从第二个角度看，设计框也是一个子生命周期，这次是扩大了所创建的设计(名词)的范围和保真度(图 12.6)。

- 为特性、功能、概念、隐喻和设计主题生成思路 (第 14 章)。
- 以概念设计的形式进一步发展有前途的思路 (第 15 章)。
- 以中级设计的形式增大主要候选者的保真度和细节。
- 为选定的候选者生成详细设计规范，移交给软件工程 (SE) 角色进行实现。

隐喻
metaphor
设计中采用的一种类比，用熟悉的传统知识来交流和解释不熟悉的概念。中心隐喻常常成为产品的主题 (theme)，是概念设计背后的主旨 (motif)(15.3.6 节)。

12.3　设计的目的：满足人类需求

我们在以下两个背景下讨论设计。

- 设计要满足哪些种类的人类需求 (下一节)。
- 为满足这些需求，需关注设计的哪些方面 (之后各章)。

人类需求金字塔

设计的终极目的在于它在工作实践的背景下为用户做什么。其中包括帮助 (aid)、支持 (support)、能力 (capabilitiy)、服务 (service) 甚至系统为用户提供的快乐。本节提供了一个用于思考用户需求的模型，目的是方便以后讨论针对这些需求的设计。

设计至少必须满足以下三类人类需求。

- 生态 (ecological)：参与并在工作领域的生态中茁壮成长的需求。
- 交互 (interaction)：在工作领域的生态中执行所需任务的需求。
- 情感 (emotional)：使用产品时在情感和文化上得到满足和充实的需求，包括与产品形成长期情感关系的需求，我们称之为“意义性”。

设计师通常必须按上述顺序考虑这些类别，它们相互依赖，如我们在 UX 设计背景下所说的人类需求金字塔 (图 12.5) 所示。设计师在其中一层工作时，是从该层的视角看问题，包括生态视角、交互视角和情感视角。

满足生态需求是满足任何其他类型需求的先决条件，也是金字塔的基础层。同样，一个设计如果不首先满足生态和交互需求，就无法满足用户的情感需求。

第 16 章将讨论生态设计 (为一个由设备、物理地点、用户和信息组成的网络或系统而设计，在这个网络或系统中，交互可以跨越)，第 17 章将讨论交互设计，第 18 章则讨论针对情感影响的设计。

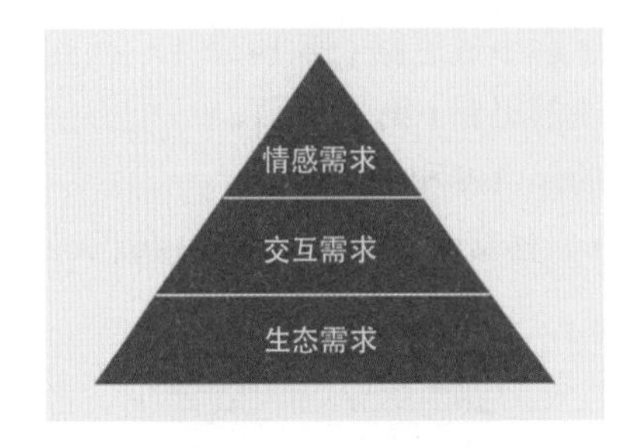

图 12.5
人类需求金字塔是 UX 设计的目的

12.4 信息、信息设计、信息架构

不讨论信息、信息设计和信息架构，就无从开展对设计的本质的讨论。这些概念深深交织在一起，并提供了源自不同研究领域的重叠视角。

12.4.1 什么是信息

信息 (information) 有很多定义，但从最广泛的意义上来说，正如这个词所暗示的那样，它是能 inform(提供信息，让你明确什么) 的任何东西。从生态视角来看，这包括用户在环境中感受 (sense)、感知 (perceive)、理解 (understand) 和对其采取行动 (act on) 的一切。从这个意义上说，对信息的研究是极其广泛的。本书为 UX 采用了类似的广泛视角，并从设计独有的一个视角来看待围绕用户周围的信息。

还有其他更狭义的信息讨论，包括但不限于以下几点。

- 信息编码：关于用什么符号来表示信息以及它们是如何传输的。
- 信息检测：确定环境中刺激的存在与否，或是否做出了错误的肯定判断或者根本就遗漏了这个判断 (Wickens & Hollands, 2000, Chapter 2)。
- 信息处理：研究人类如何感应 (sense) 环境 (environment)、感知 (perception)、认知 (cognition)、记忆 (memory)、关注 (attention) 和行动 (action) 中的刺激 (Wickens & Hollands, 2000)。

生态视角
ecological perspective
从作为用户需求金字塔基础的生态层出发的一个设计观点，关于的是系统或产品如何在其外部环境中工作、交互和通信。它关于的是用户如何参与并在工作领域的生态中茁壮成长 (12.3.1 节)。

12.4.2 信息科学

在设计的背景下，还有另一个称为信息科学 (information science) 的研究领域，它是 UX 的兄弟关注点，专注于“信息的分析、收集、分类、操作、存储、检索、移动、传播和保护” (Stock & Stock, 2015)。

该学科早于 HCI 和 UX，其目标是帮助用户满足他们的需求，但却是从信息的角度来看。一些受过该学科培训的 UX 专家认为，用户环境中的一切都是某种形式的信息，所以 UX 设计从根本上讲就是关于信息的。他们甚至认为建筑领域也是关于信息的，因为诸如建筑物的走廊或门应该有多宽等问题都是信息，因为用户会相应地感知和使用那些空间。

12.4.3 信息架构

另一个植根于信息科学和建筑领域的研究领域是信息架构 (information architecture)。理查德 • 萨尔 • 沃尔曼 *(Richard Saul Wurman，一名科班出身的建筑师，后来自己选择成为一名平面设计师) 被认为是“信息架构”一词的发明者。

* 译注

也是TED演讲的创立者。宾大荣誉建筑硕士，波士顿艺术学院荣誉艺术博士。1976 年担任美国建筑师协会会长时创造了“信息架构”一词，1996 年出版畅销书《信息焦虑》与《信息饥渴》。

信息架构协会 (Information Architecture Institutes) 将信息架构定义为“决定如何安排事物的各个部分以使其易于理解的实践”[①]。注意，该定义强调了促进理解和所适用情况的广度 (包括非数字情况)。该定义的“理解”部分涵盖了用户在环境或设计中感受到的一切，包括可以点击的按钮，可以拉动的把手，可以听到的音频提示，以及可以阅读的显示屏。

Morville and Rosenfeld(2006) 将信息架构定义为用于组织、存储、检索、显示、操作和共享的信息结构的设计。信息架构还包括对信息的标记、搜索和导航的设计。

12.4.4 普适信息架构

信息架构师将跨越了多个用户交互设备的信息的结构 / 设计称为普适信息架构或普适 IA(Resmini & Rosati, 2011)。普适信息架构是一种用于组织、存储、检索、显示、操作和共享信息的结构，它提供跨越了一个广泛生态的各个部分的永远存在的信息可用性。

生态设计
ecological design

与需求金字塔基础层相关的设计，侧重于针对用户的总体系统需求进行设计，以及如何在更广泛的工作实践中为他们提供支持。包括为设备、其他用户、系统和普适信息基础设施所组成的网络内发生的活动、流程、共享和通信进行设计 (16.2.1 节)。

我们用自己的词汇将这些关注点称为“生态设计”。参见 16.2.3 节，了解普适 IA 的进一步定义，参见 16.5 节，了解作为普遍信息架构的生态设计的一个扩展示例。

12.4.5 信息架构远不止如此

因篇幅有限，信息架构的许多主题我们无法一一涵盖。建议读者要多参考那些领域的其他书籍。

① https://www.iainstitute.org/what-is-ia

12.4.6 信息设计

信息设计 (information design) 关注的是“系统中可能的对象和行动如何以促进感知和理解的方式表示和排列”(Rosson & Carroll, 2002, p. 109)。所以，这是UX实践的核心领域，专注于帮助用户理解系统及其生态中固有的信息。这包括从屏幕、对话框、图像和语音提示到触觉反馈的全部内容 (Rosson & Carroll, 2002)。

传统上，该领域侧重于人类如何感知和理解信息，包括完形(或格式塔)心理学、信息可视化和视觉隐喻等主题。第32章将提供一些与信息设计有关的设计准则。

12.5 “设计创建”子生命周期中的迭代

在我们结束关于UX设计本质的这一章之前，先预览一下随后各章的主题。

实际上，在总体UX生命周期中，“设计创建”框是作为一系列迭代的子生命周期或活动来展开的(图12.6)。最早提及交互设计迭代的是Buxton and Sniderman(1980)。图12.6展示了这些活动的一个序列。

细心的读者会注意到，在图12.6中，迭代循环的渐进系列可被认为是一种螺旋式生命周期概念 (Boehm, 1988)。每进行一次循环，细节度和保真度都上升一级。

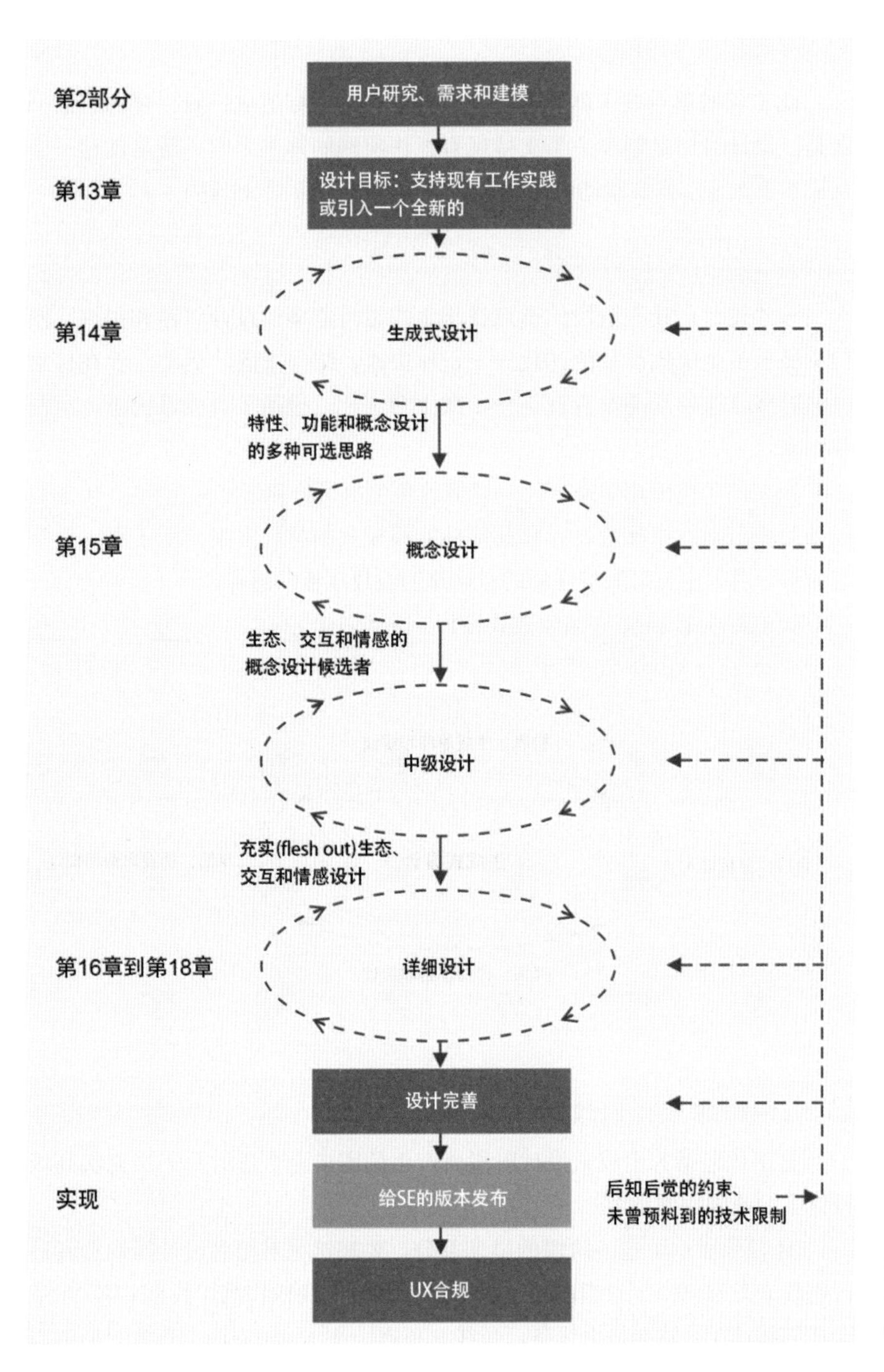

图 12.6
设计中的生命周期活动的宏观视图

生成式设计
generative design

一种设计创建方法，涉及在紧密耦合但不一定结构化的迭代循环中构思、草图和评审以探索设计思路 (14.1.4 节)。

评审
critiquing

评估设计思路以确定优势、劣势、约束和取舍的一种活动 (14.4 节)。

故事板
storyboard

以一系列草图或图形剪辑的形式出现的可视场景，通常带有注释，用动画“帧”说明用户和设想的生态或设备之间的相互作用 (17.4.1 节)。

12.5.1 确定设计目标

此步骤的重点在于就后续所有设计迭代的目标达成一致。要回答的问题是：设计目标是创建一个支持现有工作实践的解决方案，还是创建一个从根本上改变工作实践的解决方案 (为了更好)？ (第 13 章)。

12.5.2 生成式设计迭代

该“设计创建”阶段的重点在于生成尽可能多的设计思路和提议。图 12.7 展示了生成式设计的迭代——一种快速、结构松散的活动，旨在探索设计思路。这项活动本身就是一个微生命周期，包括了合成、构思、草图和评审。

原型的角色由草图来担任，评估的角色由讨论和评审来进行。 生成式设计的输出是一组概念设计和其他功能或模式的替代方案，用于需求金字塔的每一层，主要采取带注释的粗略草图或故事板的形式。

我们将在第 14 章介绍生成式设计 (设计创建)。

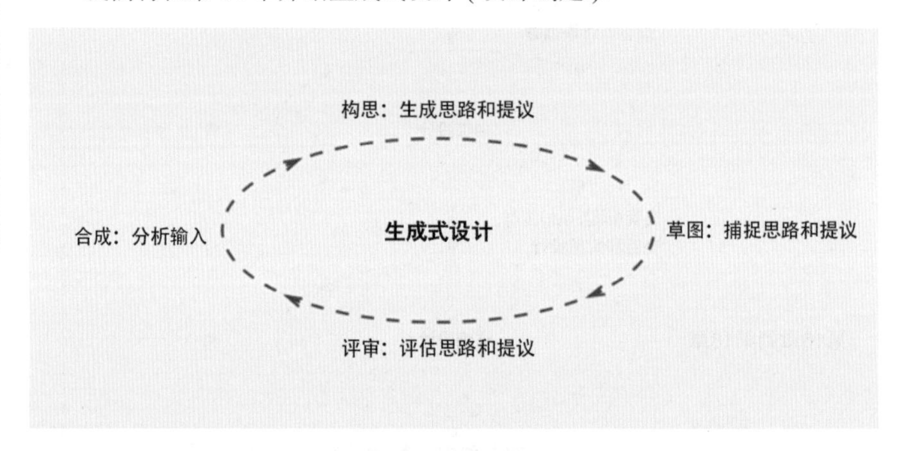

图 12.7
生成式设计迭代

12.5.3 概念设计迭代

此迭代包括为生成式设计阶段所产生的需求金字塔的每一层充实高级设计主题或隐喻的细节。

图 12.8 展示了这一阶段的早期部分，要在这里对概念设计的候选者进行迭代 (第 15 章)。原型的角色由故事板和早期线框担当。线框 (第 20 章会详细描述) 本质上是由线条、弧线、顶点、文本和 (有时) 简单图形组成的交互屏幕的简笔画风格的草图。

取决于项目背景，金字塔的一层或多层的概念设计可能会在故事板中得以强调。这通常是关键利益相关方(例如用户或其代表、业务、软件工程和营销)必须大量参与的阶段。可以视为正在为系统未来的总体设计的样子播下种子。

这里的评估类型一般是以用故事板向关键利益相关方讲故事的形式。我们将在第 15 章讨论概念设计(系统如何工作的一个高级模型或主题，它作为框架来帮助用户获得关于系统行为的一个他们自己的心智模型)。

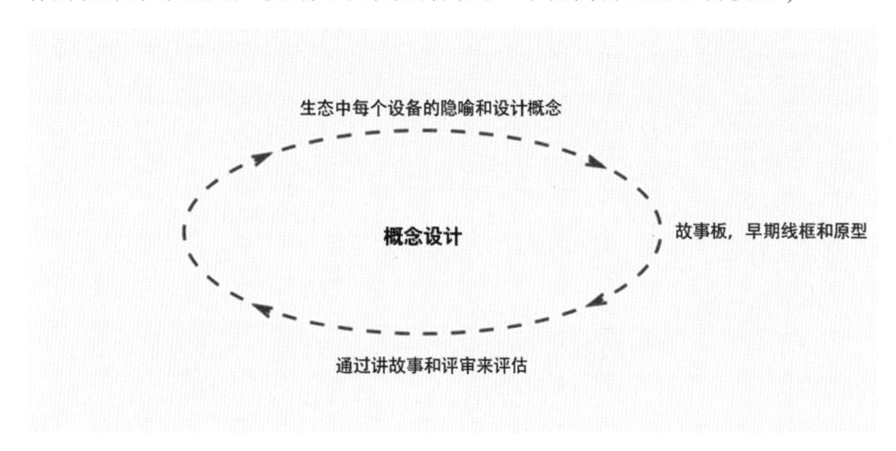

图 12.8
概念设计迭代

12.5.4 中级设计迭代

图 12.9 展示了中级设计 (intermediate design) 迭代。中级设计最初的目的是筛选出多个可能的候选概念设计，得出最适合生态、交互和情感设计的一个。一旦确定了候选概念设计，我们就在中级设计中继续充实每个候选者的细节(稍后详述)。

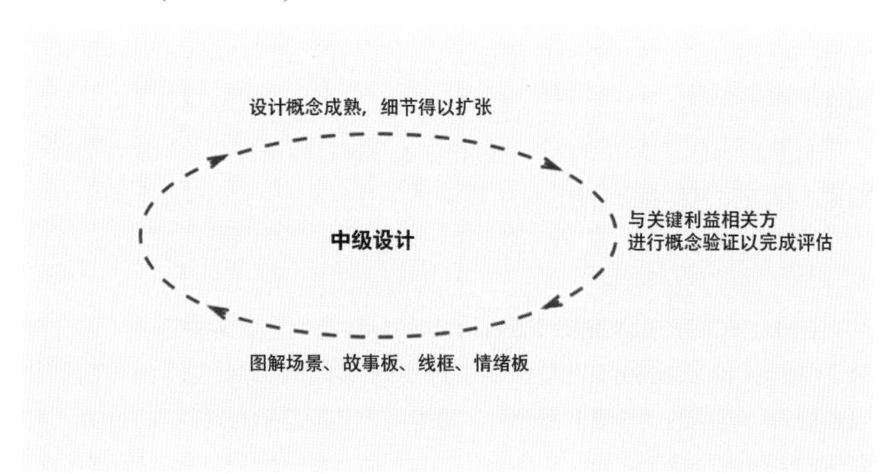

图 12.9
中级设计迭代

情绪板
mood board

工件(artifacts)和图像(images)的拼贴画，展示了UX设计要包含的情感影响主题(18.3.2.1节)。

线框
wireframe

交互视角下的屏幕或网页设计的可视模板，由线和框构成(所以称为“线框”)。它表示了交互对象的布局，包括标签、菜单、按钮、对话框、显示屏幕和导航元素(17.5节)。

场景
scenario

对特定工作环境(specific work context)的一个特定工作情况(specific work situation)下执行工作活动的特定人员的描述，以具体的叙事风格讲述，好比它是真实使用事件的一个文字描述(transcript)。场景是对随时间推移而发生的关键使用情况的一种刻意非正式的(informal)、开放式的(open ended)和碎片式的(fragmentary)叙述(9.7.1节)。

例如，售票机系统(TKS)，进一步探索了至少两个候选的概念交互设计。一个是传统的“深入”(drill-in)概念，即向用户显示可用的分类(例如电影、音乐会、MU体育)，让用户从中选一个。基于第一个屏幕上的选择，再向用户显示更多选项和详情；如有必要，还可通过后退按钮和/或“面包屑”路径导航以返回分类视图。第二个概念设计是采用图17.2所描述的三面板(three-panel)思路。

中级设计是通常耗时最长的活动。中级设计的目标是制定出设想的生态的细节，创建中级导航结构和屏幕设计的逻辑交互流程，同时充实情感影响主题。

在此阶段，所有布局和导航元素均得以充分开发。原型的角色由线框流程、图解场景、点击式模型和情绪板来担当。使用线框流程(即线框的序列)可表示出关键工作流程，同时描述用户与设计中的各种用户界面对象交互时会发生什么。使用点击式原型，让线框集表示工作流程的一部分或每个任务序列的情况并不少见。

类似地，所有情感影响(emotional impact)问题——如视觉设计风格(visual design styles)、图像学(iconography)、基调(tone)、排版(typography)、动画框架(animation framework)和听觉风格(auditory styles)——均在这一阶段得以充实。

为了在文档中描述中级交互设计的各个部分，最佳方法之一是通过图解场景，它既像故事板和屏幕草图那样具有视觉传达的能力，也像文字场景那样具有传达细节的能力。所以，它是与团队其他成员、管理层、营销人员和其他所有利益相关方共享和交流设计的绝佳工具。

制作图解场景很简单，在适当位置点缀图形故事板框架和/或屏幕草图，对设计场景的叙述文本进行图示即可。初始图解场景中的故事板可以是草图或早期线框图。

传达情感影响的中级设计的最佳方式是通过情绪板、示例屏幕的视觉效果、排版调色板和声音库。

12.5.5 详细设计迭代

图12.10展示了详细设计(detailed design)迭代，通常也称为“设计生成”(design production)。此阶段要求迭代设计细节，并针对生态中的每种设备的每个屏幕的“外观和感觉”，最终确定其屏幕和布局细节，包括“皮肤”的“视觉合成”。

此阶段的原型通常是详细且带注释的线框和 / 或高保真交互模型。它们应包含所有用户界面对象和数据元素，以较高的保真度表示并用标注文本 (call-out text) 进行注释。

作为一项并行的活动，参与构思、草图和概念设计的视觉设计师现在要生成我们所说的视觉合成，即各种综合或复合布局。视觉合成中的合成 (comps) 是一个源自印刷行业的术语，意指 comprehensive 或 composite(综合或复合)。所有用户界面元素都在此时表示，而且有非常具体和详细的图形化外观和感觉。

“视觉合成”是图形化“皮肤”的一个具有像素级精度的模型，其中包括对象、颜色、尺寸、形状、字体、间距和位置，另外还有用户界面元素的可视“资产”(或称资源)。资产是可视元素连同对其进行定义的特性 (用样式定义来表示，例如网站的层叠样式表或 CSS)。视觉设计师确保所有这些与公司品牌、样式指南和视觉设计最佳实践保持一致。

在此阶段，我们通过详细描述行为、外观和感觉以及有关如何处理工作流程、异常情况和环境的信息，将设计完全定下来。

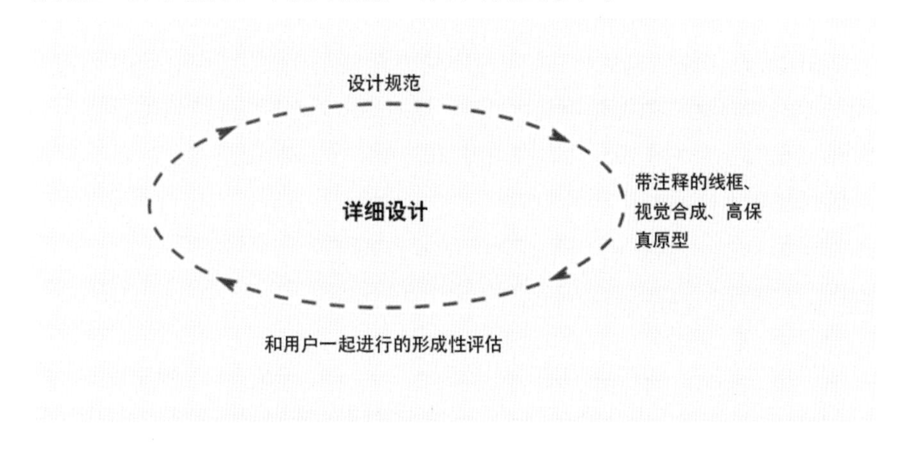

图 12.10
详细设计迭代

12.5.6 设计完善迭代

设计完善 (design refinement) 迭代的目标是根据形成性评估 (formative evaluation，旨在发现和修复 UX 问题以完善设计的一组 UX 评估方法，参考第 21 章) 活动的结果对生态、交互和情感设计进行修改或调整细节。在实践中，如果之前的迭代在关键利益相关方的评估和参与下进行，那么这一阶段通常不会导致剧烈的变化。这也是 UX 生命周期内的最后一次迭代，之后我们将合并成更大的 SE+UX 生命周期 (第 29 章)。

作为此阶段的一部分，设计将会被提交给 SE 开发人员，以获得有关可行性、平台限制等方面的反馈。另外，在下一阶段正式“移交”给他们之前，要完成任何必要的修改。

12.5.7 SE 实现

早期漏斗
early funnel
供进行大范围活动的漏斗(敏捷UX模型)的一部分，通常在和软件工程同步之前用于概念设计(4.4.4节)。

在此阶段，SE 的同行开始进行实现。在早期漏斗中，UX 输出是一个大的系统级的规范。在后期漏斗中，它将处于特性这一级 (feature level)，详见下一节。

后期漏斗
late funnel
供进行小范围活动的漏斗(敏捷UX模型)的一部分，用于和敏捷软件工程的冲刺同步(4.4.3节)。

在实践中，SE 角色可能发现一些后知后觉的约束 (late-breaking constraint) 或之前未曾预料到的技术限制 (unforeseen technical limitation)，将设计规范返回给 UX 团队。取决于问题的严重程度，UX 设计师可能需要进行更改并退回到较早的迭代阶段。如果是深层次的系统级问题，UX 团队可能不得不退得更远，重新审视概念设计决策并进行调整。然而，此阶段最常见的更改往往是在详细设计一级，进行小幅调整即可。

12.5.8 UX 合规阶段

SE 角色完成实现后，UX 角色要检查最终的实现，以确保 SE 忠实实现了他们“移交”的 UX 设计。UX 合规 (UX compliance) 阶段的目标是确保在实现时不会对 UX 规范产生误解或曲解。发布给用户之前，这一阶段要捕获并纠正任何偏差。

12.6 敏捷 UX 漏斗的设计生命周期

(交付)范围
scope (of delivery)
描述在每个迭代或冲刺阶段，目标系统或产品如何进行“分块”(分成多大的块)，以便交付给客户和用户以获得反馈，以及交付给软件工程团队以进行敏捷实现(3.3节)。

“设计创建”子生命周期如何匹配 4.4 节讨论的敏捷 UX 漏斗概念？图 12.11 展示了设计子生命周期的另一个变化形式：在敏捷 UX 漏斗每个切片 (slice) 中发生的迭代。

如图所示，漏斗中每个功能切片 (slice of functionality) 的设计都需要重复图 12.6 所展示的步骤。早期漏斗中的工作强调的是产品或系统的一个全局视图，因此具有一个大的范围(系统范围)。这意味着生成式设计和概念设计阶段要花费更多的时间，因为这些迭代的决策将对后期漏斗中的那些切片产生重大的影响。

随着我们进入漏斗的底端更狭窄的部分，生成式设计和其他迭代的重点将放在更小的功能切片上 (更小范围的特性)，进一步受限于之前切片中已经做出的概念设计决策的限制。

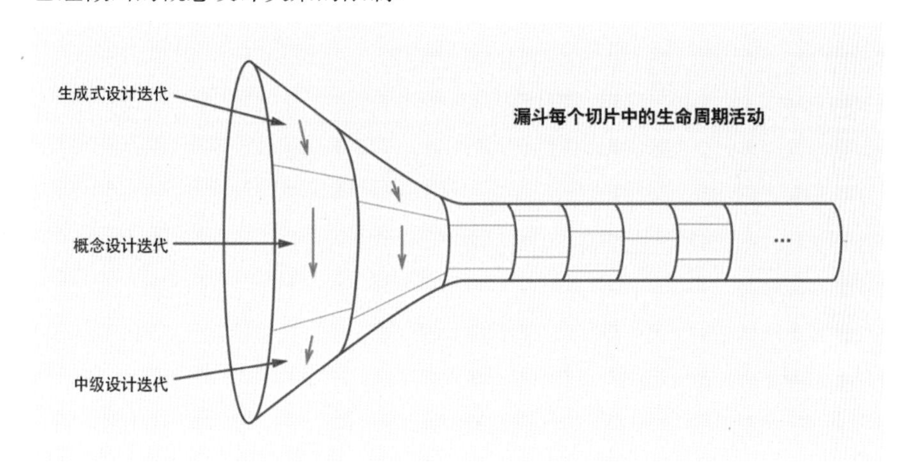

图 12.11
敏捷 UX 漏斗中的“设计创建”子生命周期

第 13 章

自下而上和自上而下设计

本章重点

- 自下而上的设计是为现有工作实践而设计
- 偏见和约束在设计中的作用
- 抽象工作活动
- 自上而下的设计是为抽象工作活动而设计
- 根据情况选择自下而上和自上而下的设计

13.1 导言

当前位置

在每章的开头，都会以“当前位置”(You Are Here) 为题，介绍本章在“UX 轮”(The Wheel) 这个总体 UX 设计生命周期模板背景下的主题 (图 13.1)。本章将为 UX“设计解决方案”生命周期活动做好准备。

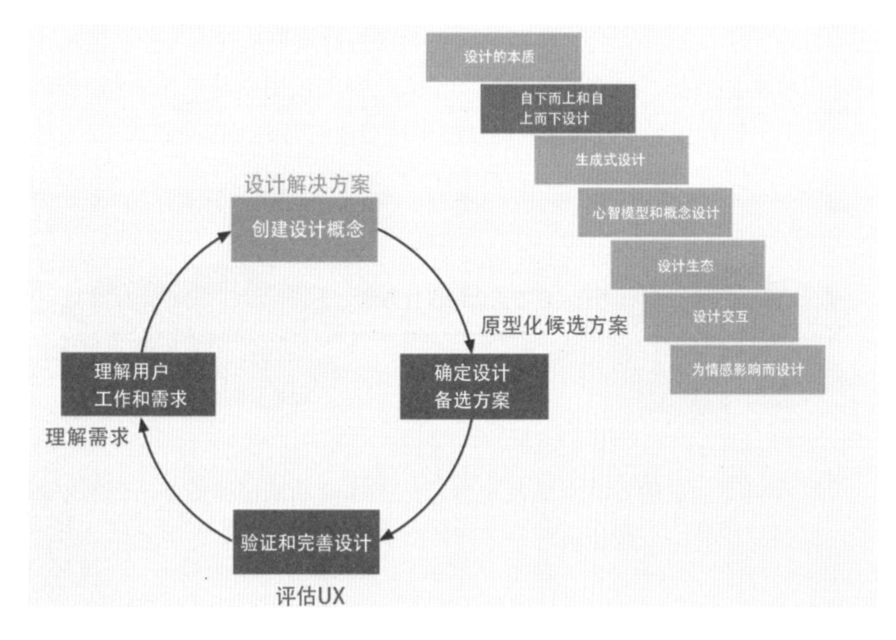

图 13.1
当前位置：“设计解决方案”生命周期活动的“创建 UX 设计”细分活动所采用的两种方法。整个轮对应的是总体的生命周期过程

在进入下一章了解生成式设计之前，本章要讨论两种截然不同的设计创建方法：自下而上设计和自上而下设计。

13.2 自下而上的设计：为现有工作实践而设计

自下向上设计首先要详细了解工作领域、工作实践以及产品 / 系统当前和未来的使用方式。 获得这些信息后，采用一种为已知使用行为提供支持的方式进行设计。

13.2.1 回顾我们迄今为止的过程步骤

到目前为止，我们讨论的 UX 设计行为涵盖了以下步骤。

- **项目概要和启动：**客户就手上的一个“问题”联系设计团队。
- **抽取使用研究数据：**调查用户 (例如工作角色)、工作性质、所用工件、面临的挑战和遇到的故障。
- **使用研究数据分析和建模：**将设计师对当前工作实践的了解表示出来。
- **使用研究用户故事和需求：**提取设计中要支持的可行的用户需求。

13.2.2 到目前为止的过程都是自下而上的

工作活动笔记
work activity note
简明扼要和基本 (仅和一个概念、想法、事实或主题相关) 的一个陈述，记录从原始使用研究数据中合成的有关工作实践的一个点 (8.1.2 节)。

如前面总结的步骤所示，本书到目前为止所做的都是让自己沉浸在当前的工作实践中，以自下而上的方式设计一个解决方案。之所以称这种方法为自下而上，是因为我们所有的调查和分析都基于从现有工作实践的用户那里收集的数据，没有其他见解和输入。我们让用户参与进来 (用我们制作的工件进行演练，以确保我们做的事情与他们完成工作的方式一致。

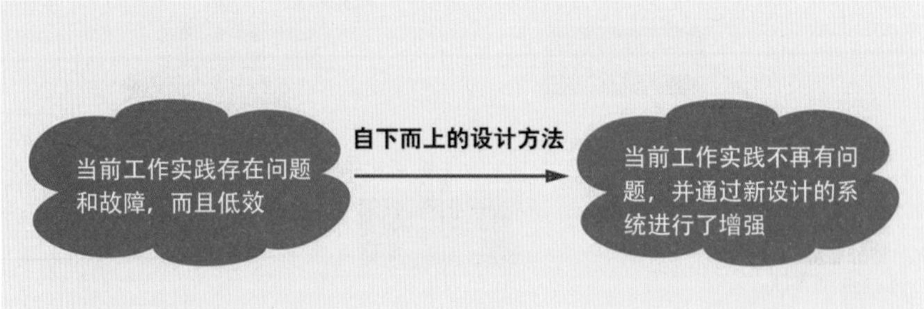

当前工作实践存在问题和故障，而且低效
自下而上的设计方法
当前工作实践不再有问题，并通过新设计的系统进行了增强

图 13.2
自下而上 UX 设计的本质

这种自下而上的方法本质就是沿着从工作活动笔记到模型，到 UX 需求，再到设计的一个路径执行一系列转换。它的前提是这些需求如果在新

的设计方案中得到满足，将解决用户在这个工作实践中的问题，帮助用户提高生产力并满足业务要求 (参见图 13.2)。

13.2.3 “以人为中心”或“以用户为中心”：自下而上设计的常见称呼

“以人为中心的设计”(human-centered design，HCD) 和“以用户为中心的设计”(user-centered design，UCD) 是人机交互学科中的既定术语。“以用户为中心的设计”由诺曼等人于 1986 年提出 (Norman & Draper, 1986)，将设计重心放在用户身上。这自然在某种程度上适用于所有 UX 设计方法。没有 UX 设计师会否认这一目标。所以，该术语 (HCD 和 UCD) 无助于区分不同的设计方法。

但和该学科出现的其他许多术语一样，不同的研究人员和从业者为术语赋予了更多含义。

首先，HCD/UCD 的理念基于的是对用户需求的理解，并强调对其目标和抱负的同理心。它关乎的是让技术适合用户，而非相反。正如维基百科所定义的那样[①]：UCD 是“一个过程框架……在设计过程的每一阶段，都全面关注最终用户对一个产品、服务或过程的需求、希望和限制。”

而且许多人更多地依据过程而不是对用户的关注来定义 HCD/UCD。UCD 的主要特点是由使用研究——情景调查 (Beyer & Holtzblatt, 1998)——来驱动，并由 UX 评估 / 测试来指导。这意味着大部分所谓的 UCD 都是基于现有工作实践的自下而上的方法。另外，虽然名称中有“设计”一词，但却一般很少强调设计。

13.2.4 为现有工作实践设计是实际的

针对现有工作实践而进行的自下而上的设计通常是最实用的方法。它不会与利益相关方产生冲突或摩擦，因为设计方案的引入只是为了解决问题并消除现有工作实践中的故障。当前工作方式不会发生中断，也不会发生剧烈变化。

这种方法的出发点在于，用户和当前的利益相关方是该工作领域的专家，他们最了解工作应该如何结构化。而作为设计师，我们只是通过引入的方案来支持更广泛的工作结构。

① https://en.wikipedia.org/wiki/User-centered_design

很容易理解为什么当 HCI 学科兴起时，会强烈推动以用户为中心。当时需要让设计师 (当时都是工程师) 将用户及其需求放在首位，因为引入未经用户数据证实的想法会让我们进入这样一个境地：设计师创建了他们认为对用户有益的解决方案，但实际并非如此。

这种历史和传统的强大惯性一直在对设计师 (甚至是经验丰富的) 产生影响，将他们的眼界限制在创建支持现有用户及其工作方式的方案上。随着我们开始讨论约束和偏见，要记住按初始设计概要来进行设计，和冒险采用不同的、更大胆的设计，前者显得更容易、更实际。

13.2.5 偏见和约束的作用

UX 设计过程中的偏见是指基于分析师在数据之外所了解的东西，对数据以及数据的收集 / 查看 / 分析方式产生的影响。

1. 来自现有使用方式和用户偏好的偏见和惯性

针对现有工作实践进行设计时，天花板是从当前用户行为和工作实践、当前收入、当前产品以及组织当前偏见和做事方式的角度来建立的。

“客户偏好”(customer preference) 这一偏见甚至会抑制经验丰富的设计师采用他们认为更好的设计的热情。都有如此强烈的偏好了，如果你非要去反对它，就违反了“你又不是用户”这一原则，也违反了“要对用户有同理心”这一要求。你的整个团队、搞产品的、搞开发的和搞销售的都需要被说服，为什么你要有一个违反用户意愿的想法？

以黑莓手机为例。在 iPhone 问世之前，黑莓手机是智能手机市场的老大。虽然它从未以易用性而闻名 (事实上，它的交互模式相当反人类)，但还是成了企业界的首选智能手机。它的崛起主要归功于三件事：第一款真正适合职业人士的智能手机，牢不可破的安全性，以及物理键盘。

如果苹果对现有工作实践进行使用研究和分析，就会发现对物理键盘的一致且几乎不容否定的偏好。这种偏好是如此强烈，以至于有广泛报道称，黑莓用户永远不会采用 iPhone，许多人认为 iPhone 不过是一个玩具。必须有超级的说服力，才能让苹果设计团队、销售、工程和高管相信：虽然大家都偏爱自己熟悉的方式，但触摸才是未来！

平时在以满足客户和用户为中心的框架中工作的设计师会发现，很难不屈服于使用数据以及其他组织和文化趋势的偏见和压力。

设计师如何知道什么时候做正确的事情，而不是完全依赖关于现有工作实践的使用研究数据？这需要特殊的眼光、对未来的大胆认识，以及对风险视而不见的能力。而且，如果设计人员最终错了怎么办？

2. 来自市场成功的偏见和惯性

一种产品在市场上取得成功并流行时，自然会倾向于坚持有效的方法，并随着时间的推移不断改进并继续相同的设计线 (line of design)。这引入了一种可能阻碍创新的设计自满情绪。黑莓是在现有市场取得成功，但因此产生了偏见，在设计上不再创新，最终垮台的例子。

也许这种偏见最让人震惊的例子是柯达，它曾经是胶片摄影的市场领导者和数码相机的发明者。胶片摄影的工作实践不如随后的数字工作实践灵活且成本更高，后者提供了即时反馈和立即解决任何问题的机会。

但柯达有市场成功的偏见和惯性，他们没有接受新的数字技术。胶片、纸张和胶片摄影其他用品卖得好好的，他们不想这上面冒险。在近一个世纪的时间里，这一直是他们的生计。所以，他们错过了本来可以更美好的未来。令人遗憾，一切都已成为历史，当前的摄影市场和柯达已经没有什么关系。

3. 技术进步的影响

现有工作实践一般要受到昨日技术的限制。技术进步可能为工作实践打开一个全新的充满使用可能性的世界。本书写作时，固态电池技术刚刚成为一种可靠的电源，并开始颠覆各种设备中的传统燃料来源，包括家用割草机、吹雪机、房车和汽车。但与无处不在的内燃机相比，它们更昂贵且更难维修。

当然，现有技术的逐渐进步也可能达到使产品创意可行、实用和有利可图的一个临界点。iPhone 和 iPod 并不是此类设备的第一次尝试，但当技术进步有利于提高触摸屏的可靠性、减小设备尺寸和重量、延长电池寿命并大大增加存储容量时，它们就顺理成章地出现了。

13.2.6　自下而上的设计不太可能带来创新

虽然一个系统在工作实践中引入任何东西都会改变该实践，但在自下而上的设计中，不管引入什么，都只是为了适应该系统而进行的更改。自下而上设计的目标绝不是检查实践是否能够或应该在基本层面上进行改变。

13.3 抽象工作活动

抽象工作活动
abstract work activity
对特定工作领域中工作的基本性质的描述，剥离出工作活动的本质(13.3.2 节)。

自上而下的设计
top-down design
一种 UX 设计方法，从对工作活动的抽象描述开始，剥离现有工作实践的信息，并致力于和当前观点和偏见无关的一个最佳设计方案 (13.4 节)。

抽象
abstraction
剔除不相干细节，专注于基本构造，确定真正发生的事情，忽略其他一切的过程 (14.2.8.2 节)。

为了创造一个不仅仅是改进现有工作实践的新设计，我们必须自上而下以不同的方式解决问题。为了理解这一点，首先需要剥离出工作和工作实践的本质。特别是，对自上而下设计的大部分理解取决于“抽象工作活动”的概念。

13.3.1 工作和工作实践的本质

本书第Ⅱ部分广泛使用了“工作实践”一词。正如我们学到的那样，工作实践包括两个方面。

- 需要做的事情的性质。
- 具体如何完成。

需要做的事情的性质。这是问题，是工作的本质，是对工作实践存在的原因的提炼和抽象。 它说明了实践的最终目标是什么。

具体如何完成。这是解决方案，一个由传统、历史、法规、约束、可用工具、业务目标、文化、人员和进化等因素塑造的程序 (procedure) 和协议 (protocol) 问题。

两个不同的工作地点的工作可能在性质上相似，但每个地点都采用完全不同的工作实践。 为了更全面地说明这种差异，我们引入了抽象工作活动的概念

13.3.2 抽象工作活动

抽象工作活动 (abstract work activity) 是对特定领域中工作活动的基本性质的描述，剥离出其本质。它是该领域工作的本质，仅涉及核心工作角色，是最简单的描述，没有因历史、业务、政治或其他影响而产生的偏见和约束所造成的各种变化和修改。

这关于的是工作而非工作实践——即工作是什么 (what)，而不是工作具体如何做 (how)。 例如，投票行动的抽象视图只涉及人在不同候选人之间的选择。

13.3.3 工作活动实例

抽象工作活动可以实例化为多个不同的工作实践。每个都是抽象工作活动问题的一个解决方案，是完成工作的一种方式。这是在具体环境下完成该工作的一种方式。

工作活动实例 (工作实践) 更丰富、更具体，涉及所有工作角色 (而非

只涉及核心的那些），是我们试图从用户研究阶段构建的那些详细甚至重叠的模型中捕捉到那些东西。

13.3.4　为什么需要从抽象工作活动开始自上而下的设计

抽象工作活动是开始自上而下设计的有用方法，它的作用如下。

- 提供对工作更清晰的理解。
- 阐明可能的设计目标。

1. 提供对工作更清晰的理解

通过对抽象工作活动的描述，有助于消除约束和偏见以理解工作领域。对抽象工作活动的描述可直达工作核心，参见图 13.3。

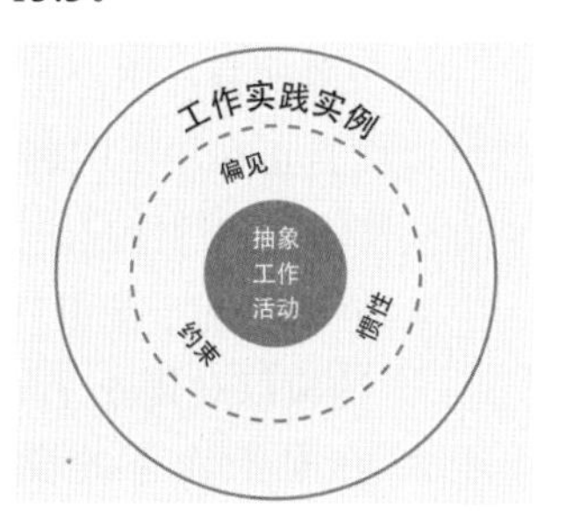

图 13.3
作为工作核心的抽象工作活动

2. 阐明可能的设计目标

自下而上的设计方法通常会导致一个为现有工作实践提供支持的设计目标。而自上而下的设计通常会导致针对完全不同的工作实践而设计，参见图 13.4。

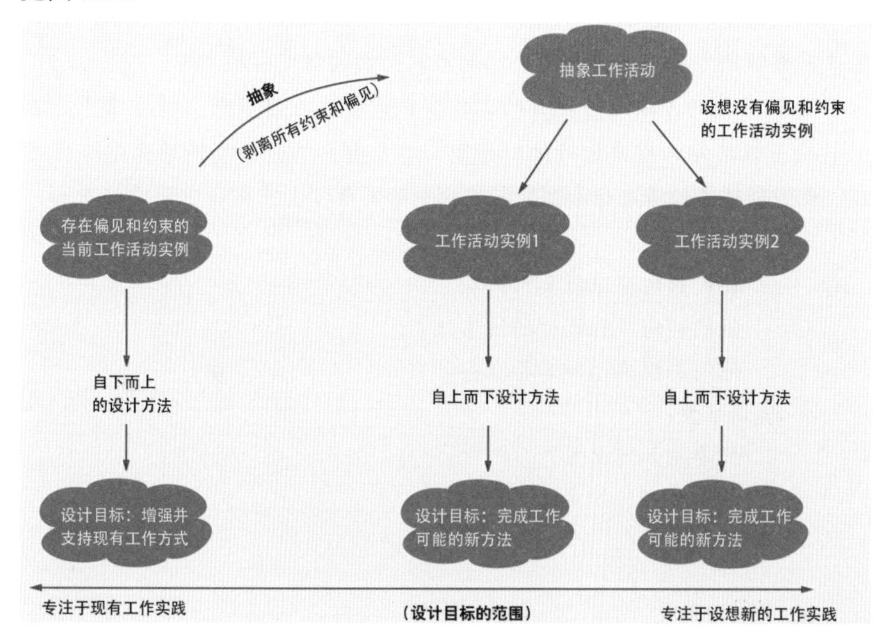

图 13.4
不同的设计目标：基于现有工作实践的自下而上设计与基于抽象工作活动描述的自上而下设计

13.4 自上而下的设计：为抽象工作活动而设计

自上而下的 UX 设计方法从工作活动的抽象描述开始，剥离现有工作实践的信息，致力于和当前观点和偏见无关的一个最佳设计解决方案。

13.4.1 自上而下设计的目标

自上而下进行 UX 设计创建时，目标是创建出一个最佳设计解决方案，以增强和支持工作的基姝属性，而不管当前的实践、偏好、传统或限制。自上而下设计方法的主要驱动力 (primary driver) 来自设计师自己，以及设计师的知识、技能、经验和直觉。

但一般而言，用户 / 工作 / 使用 / 领域 (user/work/usage/domain) 知识仍然可以而且正在用于明确设计创建，只是不会成为过程的主要驱动力。两种方法都需要使用情况研究，只是用法不同。

- 在自下而上的设计中，使用研究是为了对现有工作实践进行分析和建模以对其进行改进。
- 在自上而下的设计中，使用研究是为了制定 (formulate) 和理解 (understand) 工作基本要素的抽象概念化 (abstract conceptualization)。

工作活动亲和图
work activity affinity diagram，WAAD

用于组织不同数据片断的一种自下而上的分级技术，用于在使用研究分析中对工作活动笔记进行分类和组织，将具有相似性和共同主题的工作活动笔记汇总到一起，以突出所有用户的共同工作模式和共享的策略 (8.7 节)。

示例：民主投票

想象为美国弗吉尼亚州设计投票站的一份商业简报 (business brief)。这个州想更新系统，通过触摸屏投票站实现数字化。这是一个典型的设计简报，客户需要解决方案来支持或解决已知实践面临的特定问题。

自下而上的方法：为现有的工作实践设计。在自下而上的方法中，我们对使用投票站来投票进行使用研究，以了解弗吉尼亚当前的投票工作实践。我们创建工作活动亲和图、流程模型和其他模型来描述下面这些东西。

- 预投票准备：
  - 公民如何登记投票？
  - 他们如何找到最近的投票站？
  - 他们去投票站时需要准备什么？
- 现场配置：
  - 投票站如何设置？
  - 选民如何与投票站交互？
- 投票工作流程：

  - 选民身份识别
  - 在名单上为选民加上标注
  - 引导选民到适当投票站
- 投票后跟进：
  - 计票
  - 合并来自所有站点的计票
  - 宣布获胜者

以下设计活动专注于这一特定工作实践的细节。

- 投票站的物理设计。
- 触摸屏上清晰的标签、投票站的可访问性 (accessibility) 问题、颜色对比和其他感官问题、投票站的人体工程学、错误预防和用户投票时出错时的恢复、投票站准备的材料等。
- 确保这一切都符合已经建立的生态。

自上而下的方法。使用基于抽象工作活动的自上而下的方法，我们将采取以下行动。

- 专注于设计一种最佳的方式让符合条件的用户从候选人列表中选出某人。
- 考虑所有方式，包括投票站，以实现这项工作。
- 要不要考虑使用智能手机应用或网站，在家里舒舒服服地投票？
- 或者能拨打某个 1-800 号码来投票？
- 在家里用能上网的设备投票，并表达其他意愿，包括请愿、调查以及对产品的喜欢或不喜欢。
- 允许在截止日期前的一段时间内投票的可能性。
- 甚至提供一些灵活性，允许在投票后在截止日期前改变他们的投票，这是邮寄选票做不到的。
  - 也许在此期间某个候选人出了新状况。
- 强调为一个非常不同的设想中的生态环境进行设计 (事实上，定义生态环境本身就是设计的一部分)。
- 生态设计完成后，为交互 (工作流程等)、信息需求 (例如，完整显示候选人及其党派，特定的选民可以为哪些办公室投票，全面描述所有待投票的问题和提案的每一方) 和情感需求进行设计。

抽象重定向了设计师的思维。这种对工作新的思考方式可揭示出许多问题。为抽象工作活动设计的系统明显能更好地支持投票行动。它甚至质疑了是否需要投票站。然而，如果采用自下而上的方法，大部分讨论都会只集中于一种特定的投票方式上。

流程模型
flow model
在组织的工作实践中，表示信息、工件和工作产品在工作角色和系统组件之间如何流动的一个简单图示，可据此获知工作的全景或概览 (9.5 节)。

生态
ecology
在 UX 设计的背景下，生态是指用户、产品或系统与之交互的整个世界的周边部分，包括网络、其他用户、设备和信息结构 (16.2.1 节)。

生态设计
ecological design
与需求金字塔基础层相关的设计，侧重于针对用户的总体系统需求进行设计，以及如何在更广泛的工作实践中为他们提供支持。包括为设备、其他用户、系统和普适信息基础设施所组成的网络内发生的活动、流程、共享和通信进行设计 (16.2.1 节)。

抽象
abstraction

剔除不相干细节，专注于基本构造，确定真正发生的事情，忽略其他一切的过程(14.2.8.2节)。

虽然几乎可以肯定是杜撰的，但人们都在津津乐道亨利·福特说过的一句话：“如果我当初去问客户他们想要什么，他们会要求一匹更好(或更快)的马。”无论这是不是真的，但福特确实不太重视客户自下而上的输入；某种程度上，他是自上而下设计的天才。

事实上，现在的汽车不仅仅是经过高度改进的马和马车，而且通过技术转变和大量的设计，甚至已远远超出了没有马的马车。福特明确地知道，用户说的那些不是需求，也不是设计解决方案，而是明确和启发新概念的一种输入。

这个例子的重点在于，对抽象工作活动进行思考，完全可以提供与具体工作活动实例不同的一个设计目标。

13.4.2 自上而下设计的特征

自上而下的设计具有前瞻性。这种设计方法不受当前工作实践的限制，所以可能产生全然不同、甚至未来派的设计。

自上而下的设计在很大程度上由领域知识驱动。设计师需要全面的领域知识才能抽象出该领域的工作性质。这通常意味着，设计人员需要设想该领域的多个工作活动实例。

成为领域的潜在用户对设计师来说也是一件好事。苹果公司的设计师之所以在实践自上而下的设计方面取得成功，一个重要因素在于他们将自己视为 iPod 和 iPad 等设备的用户。

设计师将自己视为用户的另一个领域的例子是摄影。设计照片编辑和管理应用程序时，设计师成为摄影专家，甚至是此类产品的狂热用户是有帮助的(甚至可能必不可少)，目的是营造思考问题所必需的沉浸感。

13.4.3 自上而下的设计并非总是实际

但有的时候，13.2.6 节作为“偏见”来讨论的约束、惯例、法规、历史和传统等在实践中可能难以克服。它们甚至可能是法律要求的，你不得不从。

业务上的约束可能更优先。作为业务“约束”的一个例子，所有受益于当前实践的各方，如投票站供应商，电子投票机制造商，甚至可能包括选票上的候选人，都可能抵制任何新想法。

可能因过于熟悉而与人的舒适感冲突。人类并不是天生就对剧烈变化持开放态度。它会动摇和打乱舒适的日常和实践。我们的进化生物学更喜欢和谐和一致性，而不是变化和中断。

可能违背短期目标。由于工作实践发生剧变，为抽象工作活动的设计通常会导致中断。它可能更昂贵并且需要更长的时间来引入。这与不屈不挠追求短期回报和不愿处理更大项目的意愿背道而驰，而这是当今流行的一种商业心态。

技术限制可能限制创新。有时必要的技术尚未完全就绪。UX 设计师必须对可用技术进行全面探索 (Gajendar, 2012)。

13.4.4 方便客户和用户过渡

小心踩踏；减轻潜在的创伤。重新设计工作实践可能给重视稳定性并自然会抵制变革的客户和用户带来创伤。在这种情况下，你要向所有利益相关方捍卫你的计划。

你正在改变客户和用户生活中一些重要的东西，迫使他们剧烈地、甚至是创伤性地走出舒适区，这个过程可能是混乱、破坏性、昂贵和令人厌烦的。小心并带着尊重去“踩踏”。搞事情之前要先获得支持。

13.4.5 对冲自上而下设计的风险

自上而下的设计需要谨慎，因为必须认识到高风险 (当然还有获得高回报的潜力)。需要通过后续的验证活动来对冲风险，这些活动包括使用研究、原型设计和评估，目的是尽早并频繁地获得用户反馈。

13.4.6 极端自上而下的设计是通向颠覆性设计的途径

自上而下的设计可能引起颠覆性的创新。自上而下的方法具有很高的风险，因为现有用户的工作实践可能会受到干扰，所以不太想接受设想的解决方案。有的时候，当一个设计在正确的时间和地点出现时，经历剧变的好处超过了经历变化的不适，它就会成为一个颠覆性的想法，将现状推向创新之梯的下一步。所以，自上而下的设计有时会产生创新的下一代产品 (例如 iPod)，而自下而上的设计最终会解决人们甚至不知道有的问题 (Moore, 2017)。另一种说法是，好的自下而上的设计可以填补一个利基，但好的自上而下的设计可以创造一个利基。

示例：建筑中的自上而下设计

建筑大师赖特 (Frank Lloyd Wright) 是建筑界颠覆性自上而下设计的典

型。他非常自信，作为设计师，他最了解什么对用户有益。赖特和凯文•科斯特勒 (Kevin Costner) 认为："只要你盖了，自然就有人来了。"赖特将自上而下的设计发挥到了极致。这不再是关于用户的想法："我会先预测是否会终结现有的社会秩序，然后才会盖房子。每座建筑都是一个传教士……他们 [用户] 有责任理解、欣赏并尽可能符合房子的想法。" (Lubow, 2009)

第 14 章

生成式设计：构思、草图和评审

起初，创造出宇宙。这激怒了许多人，被普遍视为一种恶劣的行径。

——道格拉斯·亚当斯，《宇宙尽头的餐馆》

*** 译注**

有一种理论宣称，但凡有人(任何人)真正发现了宇宙存在的原因和目的，宇宙就会马上消失于无形中，转而被某一种更加怪异、更加难以理解的非宇宙玩意儿所替代。

本章重点

- 通过沉浸准备设计
- 合成的作用
- 思路：设计的基石
- 构思：
  - 构思的来源
  - 构思的催化剂
  - 构思的技术
- 草图
- 评审
  - 交战规则

14.1 导言

14.1.1 当前位置

在每章的开头，都会以“当前位置”(You Are Here)为题，介绍本章在“UX轮”(The Wheel)这个总体 UX 设计生命周期模板背景下的主题(图 14.1)。本章讲述 UX 设计过程，先从“生成式设计”或“设计创建”开始。

本章将描述与设计创建相关的过程、方法和技术。设计创建的首要目标是制定一个计划，它规定了如何对系统进行结构化以满足用户的生态、交互和情感需求(12.3 节)。

和第Ⅱ部分介绍的使用研究相比，设计是一个较少程序、较多创造性的活动。使用研究关于的是观察和理解事物的现状，而设计关于的是横向思维*和产生新思路使事物变得更好。

* 译注

lateral thinking，又称为“德博诺理论”、发散式思维和水平思维，旨在发现旧有事物可以使用一种未广为人知的新的思维方式来理解。

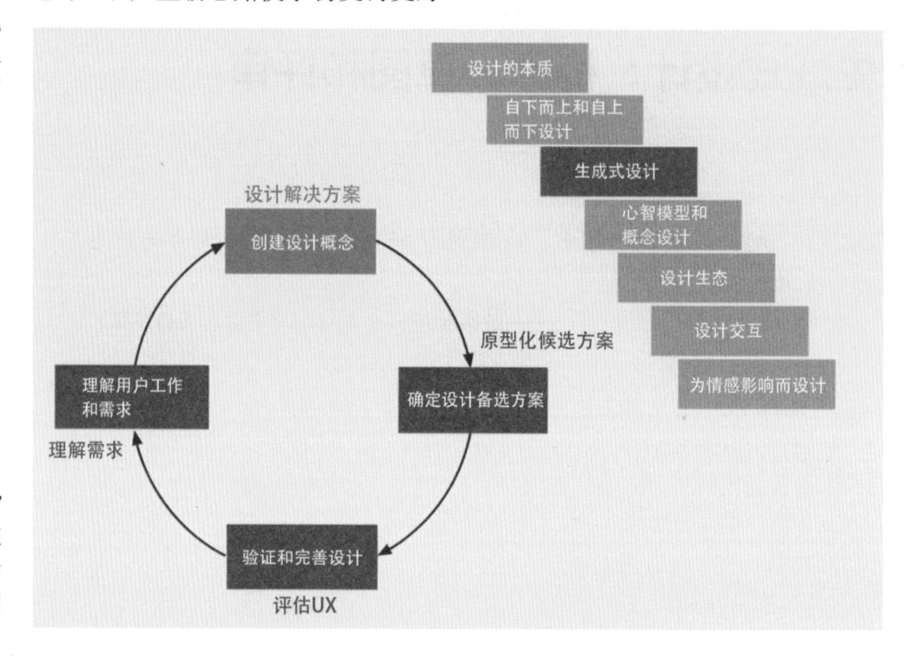

图 14.1
当前位置：“设计解决方案”生命周期活动的“创建 UX 设计”细分活动。整个轮对应的是总体的生命周期过程

14.1.2 准备设计创建：沉浸

和使用研究人员一样，设计师也需要通过沉浸 (immersion)——一种深入思考和分析方式——来理解一个问题并在其不同方面之间建立联系。

要为构思搭建舞台，请将自己沉浸于一个设计支持环境，即置身于一个充满了工件的“作战室”，这些工件是构思的输入和灵感。将一切都摆在你面前，以供指点、讨论和评审。工件、思路表示、图片、道具、玩具、笔记、海报、草图、图表、情绪板和其他优秀设计的图像放到墙壁、架子和工作台上。

情绪板
mood board
工件 (artifact) 和图像 (image) 的拼贴画，展示了 UX 设计要包含的情感影响主题 (18.3.2.1 节)。

沉浸首先要重新熟悉在使用研究期间创建的所有模型和设计输入。这是参与产生新思路和新概念活动的先决条件。

现在 UX 工作室要发挥大作用了。UX 工作室 (5.3 节) 是营造沉浸式环境的好方法。不同的工件会触发一些思路，并使工作领域中各种实体之间的联系和关系浮出水面。对于工作领域遇到的任何问题，都可以通过走到工作室墙上的适当模型前来轻松回答。设计工作室营造的环境可以让人一直处在一种创造性的思维框架中。

14.1.3　合成的作用

从根本上说，设计是基于合成的一种问题求解方法。合成是指整合不同的输入和见解；满足多种技术、业务和文化方面的限制；实现利益相关方的多个目标；进行取舍……等。最终目标是创建一个统一化的设计 (unified design)。

合成
synthesis
也称为"综合"，即整合概念各部分的不同输入、事实、见解和观察，以进行归纳，从而刻画 (characterize) 和帮助理解总体概念的一个过程 (8.9 节)。

它以新的方式将已知或现有的思路组合到一起，以形成新的概念。虽然采用某种分析方法足以改进现有设计，但只有通过合成才能实现全新的想法。设计合成 (design synthesis) 是"……突破性思路的缩影，能将不相关的想法整合到一起，并获得新的和有意义的东西"。(Baty, 2010)

14.1.4　生成式设计概述：构思、草图和评审的交织

沉浸在使用数据，并合成了其他设计输入后，设计师开始执行生成式设计 (generative design)，这是一种设计创建方法，涉及在紧密耦合但不一定结构化的迭代循环中构思、草图和评审以探索设计思路。

这是一种设计创作方法，涉及在紧密耦合但不一定结构化的迭代循环中构思、草图和评论，以探索设计思路 (参见图 14.2)。

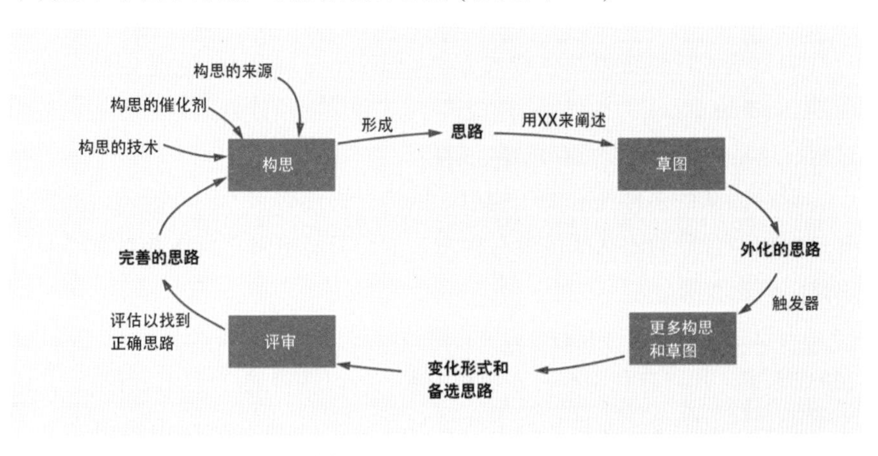

图 14.2
通过构思、草图和评审活动探索设计思路

生成式设计涉及的活动如下。

- 构思 (ideation)：形成思路的活动。 创建不同且创新的设计可能性的一种认知技术 (14.2 节)。
- 草图 (sketching)：一种外化活动，以具体的表示来捕捉这些思路 (14.3 节)。
- 评审 (critiquing)：一种分析活动，用于评估新兴的设计思路以便于进行取舍 (14.4 节)。

- 完善 (refining)：采纳、修改或丢弃设计思路的活动 (一般以迭代的方式)。

当人们想到构思时，经常也会想到“头脑风暴”一词，这是构思、草图和评审过程的另一种说法。另外，虽然我们为了清楚起见分别描述这些活动，但它们实际是交织在一起的，作为紧密耦合和重叠的活动进行快速迭代，通常要同时执行。这些活动中的每一个都支持和激励其他活动。

例如，草图活动是捕捉思路的一种简单而直接的方式，它本身可以启发更多思路。草图在讨论 (评审) 中提供了一些有形的参考。类似地，在一个思路被假设 (起源) 后，后面通常伴随着推理或分析 (评审) 的爆发。

14.2 构思

14.2.1 构思在设计中的创造性作用

> 如果屋顶不漏点儿啥东西进来，则表明这个建筑的创意还不够。
>
> ——赖特 (Frank Lloyd Wright Donohue)*

*** 译注**

赖特 (1867—1959)，工艺美术运动美国派的主要代表，美国艺术学院成员。著名建筑师，师从摩天大楼之父路易斯 • 沙利文，后创立“田园学派”，代表作有宾州的流水别墅、古根海姆博物馆和芝加哥大学的罗比住宅。赖特与格罗皮乌斯、柯布西耶和范德罗几位建筑大师齐名。

构思是设计最重要的生成式方面 (generative aspect)，它是创造行动的前沿 (leading edge)。 构思是为生态、交互和情感设计创造各种创新提案的过程。这是一个极具创意和乐趣的阶段。

设计团队的多样性有助于构思，因为这样能带来不同的观点。如果只有具有相似背景的团队成员参与构思，他们只能带来来自该背景和经验的思路、概念和构造。

构思也是让客户和用户参与的阶段。过去有许多参与式设计 (Muller, 2003) 方案，让所有利益相关方都积极参与，以获得最广泛的设计理念，确保考虑到所有需求。要进一步了解参与式设计 (participatory design) 及其在人机交互中的历史，请参见 19.2 节。

参与式设计
participatory design

UX 设计的民主过程，所有利益相关方 (例如，员工、合作伙伴、客户、市民、用户) 都积极参与进来，帮助确保结果满足其需要且可用。它基于这样的论点：用户应参与他们将要使用的设计，所有利益相关方——包括 (而且尤其是) 用户——都向 UX 设计提供平等的输入 (11.3.4 节)。

14.2.2 思路：设计的基石

什么是思路

在本书的背景下，**思路或创意** (idea) 是一个可视化的设计方案，反映了对系统或产品中新的生态、交互、情感反应和功能的愿景。

思路由人类的思想召唤而出，或从对自然的观察借鉴，并由专注的活动或意想不到的催化剂触发。例如，查看流模型中的一个故障可能触发有关如何规避或缓解故障的思路。类似地，在设计工作室中查看有启发的图像或工件，可能触发关于产品视觉设计颜色或图形的新思路。

有时，思路以“灵光一现”(eureka moment) 的形式出现，在意想不到的地方和意想不到的时间出现。它们甚至可能在我们没有主动寻求时 (思路“孵化”期间) 发生。

无论出处是什么，思路本质上都是纤弱的，需要培养才能成长。它们需要在发生时立即捕获，否则可能永远丢失。它们需要培养。没有开放的环境或文化，再奇妙的思路，也会因过早评判而被掐断。

多个思路可能协同工作以生成单一的设计概念。例如，有一个能触摸的圆环是一个思路。 用这个环在歌单中滚动是另一个思路。这两个思路被实例化为 iPod Classic 经典款的点按式选盘。

最后，一些思路可在不同情况下反复使用；我们称这种思路为设计模式 (design pattern)。

14.2.3　构思的范围

在敏捷 UX 漏斗的早期部分，构思通常范围很广，因其目标是为整个系统创建总体概念设计。在漏斗后半部分，构思可以变得更局部，专注于为特定冲刺进行设计。由于较广泛的概念设计存在的限制，加上前期冲刺已交付了不少内容，所以后期冲刺的构思范围通常会缩小。

14.2.4　构思的来源、催化剂和技术

构思的输入分为三种类型 (图 14.2)：构思的来源、催化剂和技术 (2.4 节到 2.6 节以及 14.2.4 节)。

构思的来源 (ideation informer)。构思的来源提供了关于使用 (usage)、需求 (requirement)、对象 (target) 和目标 (goal) 的信息，并且是沉浸的一部分。构思的来源不是积木。不能只是把它们搭到一起就可以完成一个设计。相反，它们通过指向面向设计的各个方面 (例如任务描述或用户画像) 来提供信息。所有这些方面在设计中都要考虑。构思的来源通常作为一个过程步骤从使用研究数据中派生出来，并表现为使用数据模型 (usage data model)，另外可能还有一个工作活动笔记的亲和图 (8.7 节)。参见 14.2.4 节，进一步了解构思的来源。

构思的催化剂 (ideation catalyst)。构思的催化剂是设计灵感，即启发创意设计解决方案的、以设计为导向的“灵机一动”。一般而言，催化剂

孵化
incubation
就问题进行一段时间的深入思考后休息一下，让大脑在后台继续工作。重新关注问题后可能产生新的观点 (14.2.8.4 节)。

早期漏斗
early funnel
供进行大范围活动的漏斗 (敏捷 UX 模型) 的一部分，通常在和软件工程同步之前用于概念设计 (4.4.4 节)。

(交付) 范围
Scope (of delivery)
描述在每个迭代或冲刺阶段，目标系统或产品如何进行“分块”(分成多大的块)，以便交付给客户和用户以获得反馈，以及交付给软件工程团队以进行敏捷实现 (3.3 节)。

冲刺
sprint
敏捷软件工程 (SE) 日程表中一个相对较短的时期 (不超过一个月)，要在这个时期实现“一个可用而且也许能发布的产品增量”。它是在敏捷 SE 环境中完成的工作单位，是与一个发布 (给客户和 / 或用户) 关联在一起的迭代 (3.3 节、29.3.2 节和 29.7.2 节)。

是在不影响或改变自身的情况下促成事件或变化的东西。构思的催化剂不是设计师能去主动找到的；它就那么发生了，进而产生一个新的设计思路。参见 14.2.4 节进一步了解构思的催化剂。

构思的技术 (ideation technique)。构思的技术是设计师可用来促进或培育设计思路的东西。 头脑风暴 (brainstorming)、框架 (framing) 和讲故事 (storytelling) 都属于一种构思技术。参见 14.2.8 节，进一步了解构思的技术。

工作活动笔记
work activity note
简明扼要和基本（仅和一个概念、想法、事实或主题相关）的一个陈述，记录从原始使用研究数据中合成的有关工作实践的一个点 (8.1.2 节)。

14.2.5 进行构思

搭建沉浸式舞台。如 14.1.2 节所述，让自己沉浸在设计支持环境中。

构思作为一项集体活动。虽然构思可由设计师自己进行，但由来自不同背景的成员组成的一个团队进行，可能会更有效。作为集体活动进行时，通常首先进行概述讨论 (overview discussion)，以确定构思活动的背景和参数，并就目标达成一致。

构思的来源
ideation informer
即设计的信息输入 (informative inputs)，旨在帮助创建适合工作实践的设计。其中包括所有使用研究数据模型和用户画像 (14.2.6 节)。

构思的机制。目标是进行激烈的快速交互，以产生并积累大量关于特征 (characteristic) 和特征 (feature) 的思路。在白板上写下思路，或在活动挂图上使用记号笔。还可以将你的思路写在纸上，以便对其进行排列组合以进行组织。

设计思维
design thinking
让组织像设计师一样思考，将设计原则和实践应用于企业和业务过程的一种思维方式 (1.8.1 节)。

从构思开始。社会、流程、人工和物理模型都是视觉模型，这使它们成为提供信息 (informing) 和启发 (inspiring) 设计的理想选择。建议围绕每个模型组织一些形成思路的会议 (ideation session)，让每个模型都成为设计思维和构思的焦点，然后再进入下一个模型。

转到构思的技术。例如，好好想想自己如果有一根魔杖，设计会创造什么。检查抽象工作活动，看看它触发了什么思路。

构思
ideation
以积极、创造性、探索性、高度迭代、快速发展且通常多人合作的方式来形成设计思想（创意）的头脑风暴过程 (14.2 节)。

善于通过团队合作来展示彼此的思路，同时“扮演用户的角色”。在设想的情景中交谈，将客户和用户摆在中间，讲他们的体验故事。与此同时，你的团队为设计解决方案编织新的思路。

使自己的创意输出尽可能直观和有形。使用草图、草图和更多草图进行装点。在房间里四处张贴并显示一切，目标是打造一个可视的工作环境。如果可行，将物理模型构建为具现（具身）的实体草图。可包括其他系统的示例、概念性思路、注意事项、设计特性、营销理念和体验目标。把你所有古怪的、创造性的和离奇的想法都拿出来。流程应该结合使用口头和视觉。

当新思路的源泉似乎暂时枯竭时，团队可切换到评审模式。

抽象工作活动
abstract work activity
对特定工作领域中工作的基本性质的描述，剥离出工作活动的本质(13.3.2 节)。

示例：IDEO 的构思表达

在设计与创新咨询公司 IDEO 的“深潜”(deep dive) 方法中，跨学科团队完全沉浸在工作中，不考虑级别或职位。在他们专注于混乱(不是有组织的混乱)的作案手法中，“开明的试错成功战胜了孤独天才的计划”(enlightened trial and error succeeds over the planning of lone genius)。他们的设计过程上过著名的美国广播公司新闻节目 (ABC 夜线, 1999) 中得到了展示。当时，他们的目标是为超市购物车开发一个新设计。他们从一个简短的用户研究调查开始。团队成员访问了不同的商店以了解购物的工作领域以及关于现有购物车设计和使用的问题。

然后，在一个简短的用户研究分析过程中，他们重新组合并进行汇报，合成用户研究调查中浮现的不同主题。这种分析为并行的头脑风暴会议提供了输入。头脑风暴时，他们捕捉所有思路，无论这些思路有多奇葩。这个阶段结束后，他们就开始另一个汇报会议 (debriefing session)，结合头脑风暴中的最佳思路来组装设计原型。这种头脑风暴、原型设计和审查的交替——由他们“失败越快，就越快成功”(failing often to succeed sooner) 的理念驱动——对于任何希望创造良好用户体验的人来说都是一种很好的方法。

示例：为售票机系统 (TKS) 构思

我们和潜在的购票者、学生、MU 代表以及民意领袖进行了头脑风暴。针对和 TKS 设计团队一起召开的这次构思会议中，我们本着“口头草图”的精神摘录了一个相关类别的综合列表。和任何构思会议一样，思路都应伴随着草图。但这里只展示了会议的“思路”部分，以免过多的草图让人分神。

最开始要思考下面几个问题：

“活动”(event) 是什么意思？人们如何看待现实生活中的活动？

活动不仅仅是会发生而且你可能会参与的事情。

活动可能具有情感意义，可能发人深省，可能具有特殊的意义，促使你出去做某事。

数据工件：

票据、活动、活动赞助商、MU 学生 ID、售票机。

人们可能想用票做的事情：

通过电子邮件将票发送给朋友。

可能的特性和覆盖范围：

我们可能希望想要定制票的纪念版。

返校活动。

家长周末活动。

当前主题的访问演讲者。

关于城里和大学发生的事情的访客指南。

米德尔堡圣诞之旅。

查看有历史的建筑上的圣诞装饰品。

走在大街上，看看装饰品和节日商店。

活动类型：

动作片、喜剧(戏剧、脱口秀)、音乐会、体育赛事、特别节目。

特殊主题和主旨：

TKS的主旨可以是“娱乐冒险”，这将体现在售票机本身的物理设计(形状、图像和颜色、美学外观)中，并将贯穿屏幕、对话、按钮等在交互设计中。

完整的主题套餐：球赛主题：早午餐、车尾派对、比赛门票、赛后庆祝活动(在城里选择的地点喝酒庆祝)，然后是一部精彩的橄榄球电影。

约会之夜主题：晚餐和电影、附送电影/活动票的餐厅广告、邻近信息和驾车/公共交通路线、浪漫的夜晚、来自D'Rose的鲜花、在Chateau Morrisette晚餐、参观电影《辣身舞》的布景、在满月(取决于日历和天气)下沿着德雷珀路(Draper Road)漫步、在The Lyric剧院观赏《辣身舞》、The Vintage Cellar深夜品酒票和婚礼策划咨询(可选)。

商业上的考虑：

由于是大学城，如果设计得好，可在其他大学城重复使用。

竞争：由于要面对无处不在的网站，所以必须让售票机的体验远远超出在网站上的体验。

情感影响：

与好朋友共度美好时光的情感方面。

强调MU团队精神、标志(logo)等。

娱乐活动的票是通往乐趣和冒险的大门。

结合社会和市民参与。

室内场馆可提供视频和环绕声的沉浸式主题。

沉浸式体验：例如，大学超市的室内售票机（这里没什么安全问题）提供“让他们无法拒绝”的体验，支持环绕式沉浸视觉和音频，在购票者之间部署带有环绕式显示墙和环绕声的、类似 ATM 的设备，营造出贴合当前主题的情感。

电影《少数派报告》风格的 UI。

摇滚音乐会的集体兴奋。

怪物卡车或赛车：有活力、激情奔放的氛围，吸引更原始的本能和刺激。

其他期望的影响：

大学和社区“家庭”的一部分。

借 MU 知名度和人才的东风。

集体的成功和自豪感。

利用 MU 和社区技术的不同能力。

艺术赞助人的感觉：优雅、精致、博学、感觉特别。

社区外展：

与当地政府协商提供公共服务（例如，可帮助为年度街头艺术展做广告和销售 T 恤）。

宣传成人教育机会、武术课程、儿童营、艺术和气焊课程。

覆盖所有主要场所：

公交车站。

图书馆。

主要宿舍。

学生中心。

市政厅大楼。

购物广场。

美食广场。

公交车内。

学术和行政大楼。

物理模型
physical mockup

物理设备或产品的一种有形的 3D 原型或模型 (prototype or model)，通常可以把持在手中，而且通常用手头有的材料快速制作，在探索和评估期间使用，最起码能模拟物理交互 (20.6.1 节)。

评审
critiquing

评估设计思路以确定优势、劣势、约束和取舍的一种活动 (14.4 节)。

隐喻
metaphor

设计中采用的一种类比，用熟悉的传统知识来交流和解释不熟悉的概念。中心隐喻常常成为产品的主题 (theme)，是概念设计背后的主旨 (motif)(15.3.6 节)。

练习 14.1：关于飞机飞行记录仪的构思

这是一个团队设计思维 (design thinking) 练习。所以，请集合你的团队，去一个安静的地点 (UX 工作室，如果有的话) 开始构思和绘制草图，中途要运用你对该领域的了解。

设计思维
design thinking
让组织像设计师一样思考，将设计原则和实践应用于企业和业务过程的一种思维方式 (1.8.1 节)。

飞机坠毁时，我们常听说关于飞行记录仪的事情。其中的磁带存储了最新的飞行数据，是了解事故原因的关键。 但是，我们也经常听到飞行记录仪找不到或损坏的事件。

考虑当前可用的技术以及飞机和飞行记录仪最广泛的背景和生态系统，提出一个更好的概念设计。

14.2.6 构思的来源

构思的来源 (ideation informer) 是设计的信息输入 (informative input)，旨在帮助创建适合工作实践的设计。其中包括所有使用研究数据模型和用户画像。

1. 用户工作角色

用户工作角色 (user work role) 有助于识别设计应支持的用户和工作的类型，以及在总体生态中 (overall ecology) 划分子系统的方法。例如，购票者 (ticket buyer) 工作角色和活动经理 (event manager) 工作角色帮助设计师考虑两种不同的设计和能力。这两个角色所做的工作几乎没有重叠，所以这些角色的设计也不会重叠。这指向需要构建的两个子系统，每个子系统具有不同的交互设计和情感影响方面，但共享的是同一个总体生态。

生态
ecology
在 UX 设计的背景下，生态是指用户、产品或系统与之交互的整个世界的周边部分，包括网络、其他用户、设备和信息结构 (16.2.1 节)。

2. 画像

我们在 7.5.4.1 节讨论了用户画像的构建。画像最适合引导创意行为以支持工作领域中工作角色的特定原型。没有画像，设计师需要处理的输入就可能是压倒性的，而且经常是相互竞争或相互矛盾的。

画像用在哪里最好？画像在工作领域广泛且不受约束的设计情况下效果最好 (也就是说，项目位于图 3.1 系统复杂性空间的左侧)。在这种情况下使用画像设计商业产品或系统的话，就可以借助于它们来解释各种工作角色在个人生活中的细微差别和活动。

在这样的系统中，画像提供的推断超出了原始数据中明确的结论。例如，玛丽 35 岁，是一位非常忙碌的足球妈妈 (特指家住郊区、已婚且家有学龄儿童的中产女性)，她要平衡对三个孩子、家庭和事业的管理。例如，你立即就会觉察到，日历管理应用的设计方案不能要求她长时间坐在电脑前集中注意力。你的方案需要包含移动组件，而且需要包括各种提醒 (日历、短信)，因为她在时间管理方面已经不堪重负，可能会忘记重要的日历事件。

在设计中使用画像的目标。以后会说到，设计师经常会为工作角色提出多个可能的用户画像 (Cooper, 2004)。之所以要为多个画像而设计，背后的思路是，设计必须要能使主要用户画像非常高兴，同时不至于使任何选定的画像不高兴。例如，小张非常喜欢这个设计，但这个设计对其他人来说仍然令人满意。

画像还提供情感方面的输入，因其描述了用户的个人特征和偏好。

画像还提供了一种评估设计是否与目标用户匹配的方法。这是我们开发设计时的一种具体的关卡设置或预期管理方式。它是对不断演进的设计进行检查的一种方式。

在设计中使用画像。首先让设计好像主要用户画像是唯一的用户。团队成员讲述瑞秋如何处理特定使用情况的故事。随着瑞秋的故事讲得越来越多，她作为传达需求的媒介变得越来越真实和有用。

在图 14.3 中，让我们假设从四个选定的候选画像中选择画像 P3 作为主要用户画像。由于 Design(P3) 是专门针对 P3 的设计，所以 Design(P3) 将非常适合 P3。现在，我们必须对 Design(P3) 进行调整，使其足以满足 P1 的要求。

然后，我们进行调整使之满足 P2 和 P4。在最终设计中，非主要用户画像将通过 Design(P1)、Design(P2) 和 Design(P4) 进行考虑，但在发生冲突时将遵循主要画像 Design(P3)。如果需要做出取舍，就要让主要用户画像能够受益，同时使之仍然适用于其他选定的画像。

用户画像
user persona

对担任特定工作角色的用户的一个描述，是从用户群体中抽象出来的典型用户 (9.4 节)。

系统复杂性空间
system complexity space

由交互复杂性和领域复杂性维度定义的二维空间，描述了具有不同风险程度的一系列系统和产品类型，以及对生命周期活动和方法严格性的需求 (3.2.2.1 节)。

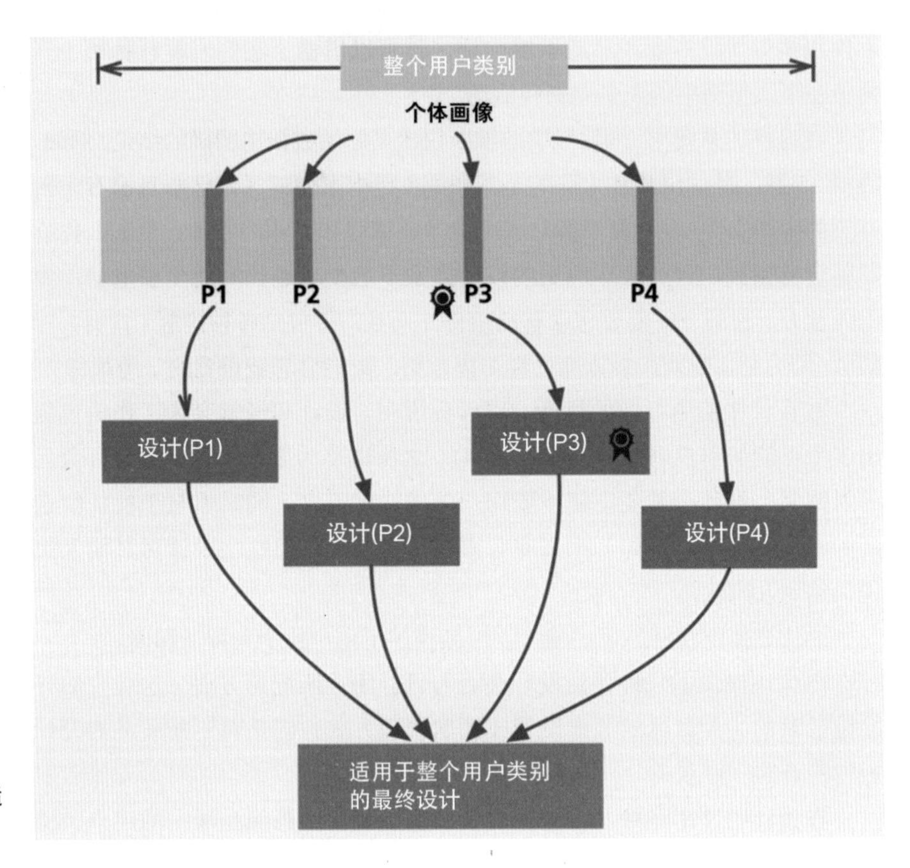

图 14.3
调整主要画像的设计以适用于其他所有选定的画像

示例：Cooper 的机上娱乐系统

Cooper(2004, p. 138) 描述了在一个索尼设计项目中成功运用了画像的一个名为 P@ssport 的机上娱乐系统。除了“系统维护”工作角色和设置并运行娱乐系统的“乘务员”，主要用户是航班上的“乘客”。我们将这一主要工作角色称为“旅客”。

扮演“旅客”角色的用户群几乎是你想象得到的最广泛的人群，所有包括所有乘飞机旅行的人——几乎就是所有人。用户将具有非常多样化的特征。Cooper(2004，p. 138) 展示了如何利用画像帮助缩减各种“旅客”用户类别特征的广度、模糊性和开放性。

可以想出几十个乃至更多画像来代表“旅客”，但在那个项目中，团队将其缩减为四个画像，每个都非常不同。其中三个非常具体，以匹配特定类型的旅客的特征，第四个则较常规：一个不精通技术，并且不喜欢探索 UI 结构或功能的年长者——基本上就是将其他画像的大多数特征反过来。

他们考虑了前三个画像中的每一个的设计，但这些设计都不适用于第四个画像。最后，他们为第四个画像提出了初始设计，然后将其调整为适用于其他所有角色，同时不会牺牲其对目标角色的有效性。

练习 14.2：为系统创建用户画像

目标：练习编写画像。

活动：在系统中选择一个重要的工作角色。此工作角色的至少一个用户类别必须非常广泛，用户群来自一个庞大且多样化的群体，例如普通大众。

- 使用与用户相关的上下文数据创建画像，为其命名，并获取与之相配的照片。
- 编写画像描述文本。

交付物：一页或两页画像。

时间安排：约 1 小时。

流程模型
flow model
在组织的工作实践中，表示信息、工件和工作产品在工作角色和系统组件之间如何流动的一个简单图示，可据此获知工作的全景或概览 (9.5 节)。

物理工作环境模型
physical work environment model
工作环境的图形表示，包括作为工作实践一部分的工作地点物理布局、人员、设备、硬件、生态的物理部分、通信、设备和数据库 (9.9 节)。

基于活动的交互
activity-based interaction
在一个或多个任务线，即一组 (可能要按顺序) 多个、重叠和相关任务的背景下发生的交互。这种交互通常涉及生态中一个以上的设备 (1.6.2 节和 14.2.6.4 节)。

3. 流程模型和物理模型

流程模型 (某些情况下还有物理模型) 提供了为工作实践设想一个新生态的见解。以它们作为指导，寻找消除流程、角色和冗余数据输入的思路。对于那些无法消除的流程，寻找使它们更有效并避免生态级故障和约束 (ecology-level breakdowns and constraint) 的思路。

4. 基于活动的交互和设计

如 1.6.2 节所述，活动 (activity) 是一个或多个任务线，是一组 (可能要按顺序) 多个重叠的任务在真实使用背景下发生的交互。这种交互可能涉及一个设备上执行的一组相关任务，也可能涉及用户生态中多个设备之间的交互。

检查基于活动的交互，以寻找为生态中跨越多个设备的工作流提供支持的思路。为生态中的每个设备寻找交互设计思路。例如，用户“获取”活动票的最佳方式是什么？ 它是否需要与实体票交互，或者能通过手机以某种方式获取？购票者支付票款有没有什么思路？

5. 任务结构和序列模型

在这些模型中寻找交互设计流程的思路。为序列模型中不同任务提供支持的方法有哪些？ 设计应如何支持序列的中断？模型中每个任务序列的

跨系统交互
system-spanning interaction

一种基于活动的交互，通常涉及用户生态中的多个工作/游戏角色、多个设备和多个地点(1.6.3节)。

工件模型
artifact model

表示用户如何将关键有形物件(物理或电子形式的工作实践工件)作为其工作实践中流程的一部分来使用、操作和分享(9.8节)。

工件
artifact 或 work artifact

工件是在系统或企业的工作流程中起作用的一个物体，通常有形，例如餐厅里打印的收据(9.8节)。

隐喻
metaphor

设计中采用的一种类比，用熟悉的传统知识来交流和解释不熟悉的概念。中心隐喻常常成为产品的主题(theme)，是概念设计背后的主旨(motif)(15.3.6节)。

最佳交互设计模式是什么？

从任务交互模型中，寻找减少和自动化步骤的思路，同时避免冗余数据输入和不必要的物理动作。

这些模型还可提供有关情感设计问题的线索。例如，对于重复和单调的任务，可在交互设计中考虑诸如游戏化这样的思路，用任务里程碑不断给予用户肯定。

6. 工件模型

检查工件模型和设计需求(第10章)中的工件。确定可将系统与人们在工作实践中每天看到和使用的工件联系起来的隐喻。

7.5.4.1节讨论了收集餐厅订单工件的学生团队。通过提出以下问题，它们可以成为构思练习的良好开端：如何让顾客在餐厅下单的体验更有趣、更有吸引力和更知情？在每张桌子上都提供嵌入的交互式触摸屏，会不会很酷？用餐者甚至可以浏览菜单或阅读新来的大厨的介绍。用户还可以玩游戏或上网来打发时间。

这种交互式餐桌功能还有助于解决点餐时的一个重要问题：纸质菜单上的文字描述无法传达用餐体验。纸质菜单不能很好利用人类与食物之间存在的可能非常丰富的感官联系！为什么不让客户使用交互式桌面提出有关配料的问题并查看所提供菜肴的图片？都做到这一步了，让客户自己下单只是小事一桩。

7. 信息架构模型

信息对象(information object)是作为工作对象(work object)在内部存储的信息/数据文章或片断(article or piece)，它可以结构化，也可以非常简单。信息对象通常是用户操作的工作流程的核心数据实体；它们被组织、共享、标记、导航、搜索和浏览，以便进行访问和显示，修改和操作，并再次存回系统生态。

寻找当前工作实践中需要在设计中管理的所有信息对象。随着这些信息对象在设想的生态中四处移动，它们会由不同工作角色的人访问和操作。例如，在企业人力资源应用程序中，信息对象可能是员工工作历史表和其他对象，例如由用户创建、修改和处理的工资单(paycheck)。寻找有关如何在设计中结构化各种信息对象的思路(即建立对象的信息架构的思路)。考虑有哪些类型的处理或操作需要执行。

某个信息对象在生态中的哪些不同的位置会被访问？该对象的哪些方面将保留在生态中的每个设备中？这就是开始定义它并为整个生态布局信息结构的位置。这称为普适信息架构 (Resmini & Rosati, 2011)，它提供在一个广泛的生态中跨设备、用户和生态的其他部分的一种永远存在的信息可用性 (ever-present information availability)。

信息架构
Information architecture
为了组织、存储、检索、显示、操作和共享信息而设计的结构。信息架构还包括对标记 (labeling)、搜索和导航信息的设计 (12.4.3 节)。

8. 社会模型

寻找有助于满足情感需求的思路。对于工作实践中文化和参与者之间的影响，你发现了哪些担忧和问题？考虑在设计中缓解这些担忧和问题的思路。在你的用户研究数据中，寻找和工作实践中的“苦差事”有关的工作活动笔记，发明一些有趣的方法来克服这些“受苦”的感觉。将这些问题用作设计场景、草图和故事板的跳板。寻找方法，以社会模型为指导，增强沟通，强化正面的价值，解决工作角色中人们的担忧，并适应影响。

工作活动笔记
work activity note
简明扼要和基本 (仅和一个概念、想法、事实或主题相关) 的一个陈述，记录从原始使用研究数据中合成的有关工作实践的一个点 (8.1.2 节)。

9. 需求

第 10 章讨论了从使用研究数据中捕获设计需求。需求说明 (requirement statement) 本身可以触发或明确一个设计理念。其他系统如何支持这样的需求？这样的思路存在什么问题或缺点。 有没有更好的思路来支持该需求？

14.2.7　创意催化剂

创意催化剂 (ideation catalyst) 是启发思路产生的一种现象。创意催化剂不是设计师可以随意计划和做的事情，而是自发的东西，可能来自头脑风暴或讲故事。催化剂可能触发火花或灵感，从而带来“灵光一现”，释放创意的力量并使其富有成效。创意催化剂是爱迪生等伟大发明家和爱因斯坦等伟大思想家的重要输入。

构思催化剂的例子：魔术贴的故事

有个现在广为人知的故事 (Brown, 1988) 是创意催化剂的范例。乔治 • 德 • 梅斯特拉尔 (George de Mestral) 是瑞士的一名工程师，他在乡下散步时，毛衣上粘了许多小芒刺。对此，缺乏设计思维的人只会被激怒。但是这个人像设计师一样思考，他设想了一种可以粘在一起并多次拉开而不会损坏的材料。就这样，他发明了魔术贴 Velcro，一种钩毛搭扣或称“威扣”。[1]

① https://en.wikipedia.org/wiki/George_de_Mestral

芒刺是设计的催化剂。它们就那么发生了，还催生了一个设计思路。

灵光乍现

Boling and Smith(2012) 引用 Krippendorff(2006) 的话描述了设计创建过程的一个关键事件："设计师在工作时，无论遵循什么流程或采用何种思维方式，迟早都会进入发明时刻。在这一点上，没有任何理论、指南、示例或最佳实践可以告诉设计师或设计团队具体怎么做才能进入这一状态。"这个发明时刻正是产生设计思路的时刻，一些以前不存在的东西被构思出来。设计催化剂促进了这一发明时刻，帮助形成一个思路。我们将这个"发明时刻"称为"灵光乍现"(eureka moment)。

有时，思路会自发地产生或联想到"缪斯女神"，即启发或引导创意的事物。它绝对涉及洞察力 (insight)、本能 (instinct)、直觉 (intuition) 以及跳出框框思考并看到"它"的自然能力，Malcolm Gladwell(2007) 说，设计师可以刻意练习这种能力。

在"它"发生时，一些事情触发了"顿悟时刻"(aha moment)，浮现出设计思路。例如，阿基米德坐在浴缸里应该是灵感迸发，因而有了测量不规则固体体积的思路。[1]

示例：一个工业工程的故事

这是一个关于牙膏厂生产线的故事。归功于一个不知名的人，他开始了这个在互联网上流传的故事 (可能是杜撰的，但具有说明性)。

工厂有一个问题：他们有时会发空的包装盒，里面并没有任何牙膏。这是由于生产线的设置方式，有生产线设计经验的人会告诉你，要让一切都发生在如此精确的时间里是多么困难，以至于无法保证从它出来的每一个单元都是完美的。环境的微妙变化 (无法以具有成本效益的方式进行控制) 意味着必须在整个生产线中巧妙地布置质量保证检查，确保大老远跑到超市的顾客不会因为不爽而改换另一家的产品。

牙膏厂的 CEO 明白这有多重要，于是召集了公司的高层人士。他们决定开始一个新项目，聘请外部工程公司来解决空箱问题，因为他们自己的工程部门已经不堪重负，无法承担任何额外的工作。

该项目遵循一般的流程：分配预算和项目发起人，发布 RFP(招标书)，选择第三方，6 个月 (和 180 000 美元) 后，他们有了一个很棒的解决方案——

① https://en.wikipedia.org/wiki/Archimedes%27_principle

按时、按预算、高质量。项目中的每个人都很开心。

他们用高科技精密秤解决了这个问题，只要牙膏包装盒的重量低于其应有的重量，就会响铃并闪光。生产线将停止；有人会走过去把有缺陷的盒子从上面拉下来，完成后按另一个按钮重新启动生产线。

过了一段时间后，CEO 决定看看项目的投资回报：效果惊人！秤安装到位后，再也没有空箱子从工厂运出。很少有客户投诉，他们正在获得更多的市场份额。“这钱花得值！”他说，然后再仔细查看报表中的其他统计数据。

结果发现，在投入正式生产三周后，高科技精密秤发现的产品缺陷数量居然是零。但是，每天实际至少都应该有十几个，难道是报表出了问题？他要求核实，经过一番调查，工程师们回来说报表上的数字实际上是正确的。秤确实没有发现任何缺陷，因为传送带中到达这个位置的所有箱子都是完好的。

CEO 疑惑不解，来到工厂，走向这台秤。在秤前几英尺位置，摆放着一台廉价的风扇，此时它正在将皮带上的空盒子吹到垃圾箱里。

“哦，那个啊，”其中一名工人说，“有个人把它放在那里的，因为他厌倦了每次铃声响起的时候自己都得亲自跑过来。”

有的时候，最好的思路却是以最简单的方式得到的。

14.2.8　构思的技术

构思技术是基于技能的 UX 实践，UX 设计师可通过这些实践来支持构思、草图和评审，同时形成新的设计思路。构思技术是适合用来构思的一些更常规的 UX 设计技术 (2.4 节)。

1. 框定和重新框定

作为一种设计技术，框定 (framing) 和重新框定 (reframing) 沿特定维度提出设计问题，以启发迄今为止尚未考虑的取舍分析。这是一种沿特定维度查看工作领域的某个方面的技术，可以很容易地讨论问题的那个方面。框架充当着一个脚手架的角色，因其具有结构，你可借助于结构来进行分析。

如 Cross(2006) 所述：“设计师倾向于使用解决方案猜想作为开发他们对问题的理解的手段。”创建框架专注的不是解决方案的生成，而是为问题情况本身创建新方法的能力 (Dorst, 2015)。

框定
framing

基于一个模式 (pattern) 或主题 (theme)，从特定角度提出问题的做法。该模式或主题结构化了问题，并强调了你将探索的方面 (2.4.10 节)。

2. 抽象：回归基础

第 13 章讨论了如何使用抽象，即剔除工作活动不相干的细节，专注于问题的基本构造，确定真正发生的事情，忽略其他一切的过程。

3. 魔杖：提出“假设……”

另一个构思技术是魔杖技术，你提出一些假设 (what if) 问题以暂时搁置已知的约束。这种技术有助于横向思维，它产生的思路虽然也许不可行，但能为其他可行的思路带来灵感。

在牙膏厂的例子中，如果有一根魔杖，我们会做什么？我们可能会要求能透视纸板箱以了解它是否为空。现在，可以修改这种透视包装箱的想法，通过构思使之成为可行的技术，将其带出魔法领域。类似地，安装在腰带上的 X 射线或超声检查机将提供与神奇的透视想法一样的结果。

4. 孵化

另一种构思技术是孵化。就问题进行一段时间的深入思考后休息一下，让大脑在后台继续工作。重新关注问题后可能产生新的观点。虽然看似在休息期间没有积极解决问题，但我们的大脑有能力在后台孵化思路，并在意想不到的时候 (通常是在做其他一些事情时) 启发灵感。

5. 设计模式和经验

设计模式是针对常见设计问题的一种可重复的解决方案，它作为最佳实践出现，促进共享、重用和一致性。另见 17.3.4 节。

有的时候，来自其他学科的设计模式有助于启发灵感。例如，我们两个作者在讨论牙膏厂的问题时，想到了另一个领域，它用前文所描述的精密秤来解决了不同的问题。我们想起亚马逊打包中心如何使用精确的重量计算来了解在自动传送带上准备的包裹是否包含客户购买的全部商品。如计算的偏差超过允许的误差，包裹会被推离传送带并做上标记，以供进一步分析和人工干预。当我们重用这些知识时，就称之为设计模式，它可应用于牙膏工厂的问题，提出一种解决方案将重量不足的牙膏包装盒推离传送带。

6. 遍历问题空间的不同维度

这种构思技术是有条不紊地遍历问题空间的每个维度，以寻找之前遗漏的思路。采用这种技术，设计师需要系统地遍历设计空间以寻找思路。

例如，在牙膏厂的例子中，我们可以遍历问题的不同维度，比如质量 / 重量、容积和不透明度，引导我们获得以下思路：

- 产品质量：
    - 确定质量应通过称重来确定。
    - 确定质量应通过抵抗力来确定。
- 容积率：
    - 包装盒内部的传感器。
    - 盒内流体 (空气) 的排量。
- 看里面：
    - 手动打开每个盒子进行目视检查。
    - 通过 X 射线检测。
    - 通过超声波图检测。

注意这个遍历过程是如何通过以牙膏包装盒为中心，框定问题来完成的。另一个框架的目标可能是制造过程本身。或许有一种不同的技术能将盒子直接包裹到牙膏管上，而不是单独生产这些东西，再将一个放到另一个里面？

7. 寻求具身和实体交互的机会

这种构思技术将物理性 (physicality) 和具身 (embodiment) 带入设计。它关于的是编织交互结构，不仅包括带有窗口、图标和菜单的数字领域，还包括可以使用非认知感官来触摸、抓取、转动、握持和以其他方式操纵某个物体的物理世界。

简单地说，具身意味着身体要参与具体的交互。所以，从字面上看，具身交互是在与周围技术交互的同时使用自己的身体。但正如 Dourish(2001) 所解释的那样，具身不单纯是指物理现实，而是“物理和社会现象作为我们所处世界的一部分，在实时和真实的空间中展开的一种方式，它发生在我们身边和周围。”

因此，具身与人或系统本身无关。如 Dourish(2001) 所述：“具身不是系统、技术或制品的属性；它是交互的一种属性。笛卡尔方法是将思想、身体和思想与行动分开，但具身的交互强调了它们的二元性。”

虽然实体交互或有形交互 (Ishii & Ullmer, 1997) 似乎有自己的追随者，但它与具身交互密切相关。可以说再者是相辅相成的。实体 (有形) 设计关于的是人类用户和物理对象之间的交互。工业设计师过去一直在做这个事

具身交互
embodied interaction
以自然和显著的方式让自己的身体参与到和技术的交互中，例如通过手势 (6.2.6.3 节)。

实体交互
tangible interaction
涉及人类用户和物理对象之间的物理操作的交互。是工业设计的一个关键领域，涉及设计供人类持有、感受和操纵的物体和产品。与具身交互密切相关 (6.2.6.3 节)。

情，设计供人类持有、感受和操纵的物体和产品。现在跟过去的区别在于，这些物体和产品还涉及到某种计算。另外，还非常强调物理、形式和触觉交互 (Baskinger & Gross, 2010)。

物理性
physicality
指与真实物理(硬件)设备的真实的、直接的物理交互，例如抓握和移动旋钮和把手(30.3.2.4节)。

实体和具身交互比以往任何时候都更需要实物原型作为草图来启发构思和设计过程。基于实物原型，我们可通过能在现实世界中物理共享的物件进行协作、交流和创造意义。

为具身交互进行设计时 (Tungare et al., 2006)，要构思如何让手、眼和人体的其他部分实际，参与交互。对设计师过去考虑的纯认知行为进行补充，并善于利用用户的思想和身体，因为它们在解决问题时是相互促进的。

示例：桌游中的具身和实体交互

假定我们要尝试制作像SCRABBLE(如下例所示)这样的一个桌游的数字版，一个办法是创建桌面应用程序，让人们在自己的窗口中操作以输入字母或单词。这使它成为一个没有具身的交互游戏。

另一个将SCRABBLE数字化的办法是孩之宝在SCRABBLE Flash Cubes中采用的(图14.4)。孩之宝游戏(Hasbro Games)使用嵌入式技术制作了电子版SCRABBLE。他们使用内置技术将字母牌制作成真实的物件。由于可以拿在手上，所以它们显得非常自然，非常有实体感，并有助于产生情感上的影响，因其本来就应该这么自然。

玩家将SmartLink字母牌拿在手上，用手进行排列组合，这使其成为具身和实体交互的一个很好的例子。

玩家回合开始时，每张牌都会为该回合生成自己的字母。玩家物理性地排列它们时，这些牌可在它们接触时读取彼此的字母。两到五个字母组成一个正确的单词，字母牌就会亮起并发出哔哔声。然后，玩家可尝试用同样的这些字母牌拼出另一个单词，直到时间到。

这些牌还可以为每个玩家的回合计时、标记重复并显示分数。当然，它还有一个内置的字典，对真实的单词进行权威判定(或许有点武断)。

为了进一步了解具身交互(通过用户的身体以自然和显著的方式与技术进行交互，例如通过手势)和实体交互(涉及用户物理操作的交互)，请参见19.3节。

图 14.4
SCRABBLE Flash Cube 游戏

14.3 草图

画草图作为设计不可或缺的一部分，这样的想法至少可以追溯到中世纪。想想达芬奇和他著名的手稿。Nilsson and Ottersten(1998) 将草图描述为头脑风暴和讨论的基本视觉语言。

14.3.1 草图的特点

草图是快速创作表达初步设计思想的手绘图，专注于概念而不是细节。

我们将 Buxton(2007b) 誉为草图之王；我们所说的关于草图的大多数内容都要归功于他。

以下是一些更明确的草图特征 (Buxton, 2007b; Tohidi, Buxton, Baecker, & Sellen, 2006)。

- 每个人都能画草图；不需要是艺术家。
- 大多数想法通过草图比用文字能更有效地传达。
- 草图制作起来既快捷又便宜；它们不会抑制早期探索。
- 草图随时可以丢弃 (一次性)；不要在草图上本身上有真正的投入。
- 草图要及时；它们可以及时制作，立即完成，在需要时提供。
- 草图应该很丰富；要接受大量的思路，并为每个思路制作多张草图。
- 文本注释起到了重要的支持作用，解释了草图的每个部分发生了什么以及如何发生。

1. 草图对于构思和设计至关重要

草图是设计中不可或缺的一部分。如 Buxton(2007b) 所述，如果不画草图，就不是在做设计。设计是创造和探索的过程，草图是供探索的视觉媒介。

草图将想法捕捉为具身和有形的形式；它外化了对一个共享、分析和存档思路的心理描述。通过开辟新的途径来创造新的思路，草图在构思中起到了乘数的作用。

通过为构思添加可视效果，草图增强了认知，通过将更多的人类感官引入任务来提升创造力 (Buxton, 2007b)。

2. 草图是关于用户体验的对话

草图不是艺术。草图不是拿笔在纸上写写画画，也和艺术细胞无关。草图不是画一张产品图对设计进行记录。

草图是一种对话。草图不仅仅是你看到的工件；草图还是关于设计的对话。 草图是为设计团队之间的对话提供支持的媒介。

草图关于的是用户体验，而非关于产品。在斯坦福大学的一次演讲中，Buxton(2007a) 挑战听众，让他们画出他的手机。但他的意思并不是将手机的图纸作为产品。他是指更难的东西，即揭示出交互的一张草图，在特定环境下使用手机的体验。在这种环境下，产品及其物理可供性鼓励的是一种类型的行为和体验而非另一种。

3. 草图有助于发明的具身认知

设计师在画草图的同时也是在进行创造发明。草图不仅仅是表达你的想法的一种方式；画草图的行为是思考的一部分 (图 14.5)。事实上，草图本身的重要性比不上画它的过程。

手绘草图的重要性。画图、指向、握持和触摸的动觉使整个手眼脑协调反馈回路 (hand-eye-brain coordination feedback loop) 对问题的解决产生影响。身体运动与视觉 / 认知活动相结合；设计师的思想和身体在这样的创造发明中相互促进 (Baskinger, 2008)。

图 14.5
用于思考设计的一张草图 (照片由弗吉尼亚理工大学工业设计系的助理教授 Akshay Sharma 提供)

14.3.2　画草图

1. 储备草图和模型用品

为工作室准备好用于画草图的物料，例如白板、黑板、软木板、活动挂图画架、便利贴标签、胶带和记号笔。一定要准备用于构建物理模型的用品，包括剪刀、美工刀、硬纸板、泡沫芯板、强力胶带、木块、图钉、绳子、布片、橡胶、其他柔性材料、蜡笔和喷漆。

> **物理模型**
> **physical mockup**
> 物理设备或产品的一种有形的 3D 原型或模型 (prototype or model)，通常可以把持在手中，而且通常用手头有的材料快速制作，在探索和评估期间使用，最起码能模拟物理交互 (20.6.1 节)。

2. 使用草图语言

素描的词汇。为了有效地绘制设计草图，必须使用几个世纪以来并没有太大变化的几个特定词汇。其中，最重要的是关于手绘线条的那些词。

和机械制图不一样，草图中的线条不是完全正确和笔直的，而是粗略的，而且不需要精确连接。

在这种语言中，线条会发生重叠，通常会延伸到角落之外。有时，它们会“错过”相交，边角也不会完全封闭。

未完成的外观意味着需要探索。草图无论分辨率还是细节都要低，从而表明它是一个酝酿中的概念，而非一个已完成的设计。它需要看起来就像一次性的且制作成本低。草图故意模棱两可和抽象，为设计其他方面的想象留下“漏洞”。图 14.6 和图 14.7 展示了这种未完成的外观。

对草图的解释应保持开放。草图可用不同的方式来解释，即使是绘制它们的人，在此期间也可能发现新的关系。换言之，避免画得过于精细；如果一切都已指定，且设计看起来已经完成，那么这张草图就相当于宣告“这就是设计”，而不是暗示还需进一步探索：“让我们这样，看看会发生什么。”图 14.8 展示了几名设计师绘制的草图。

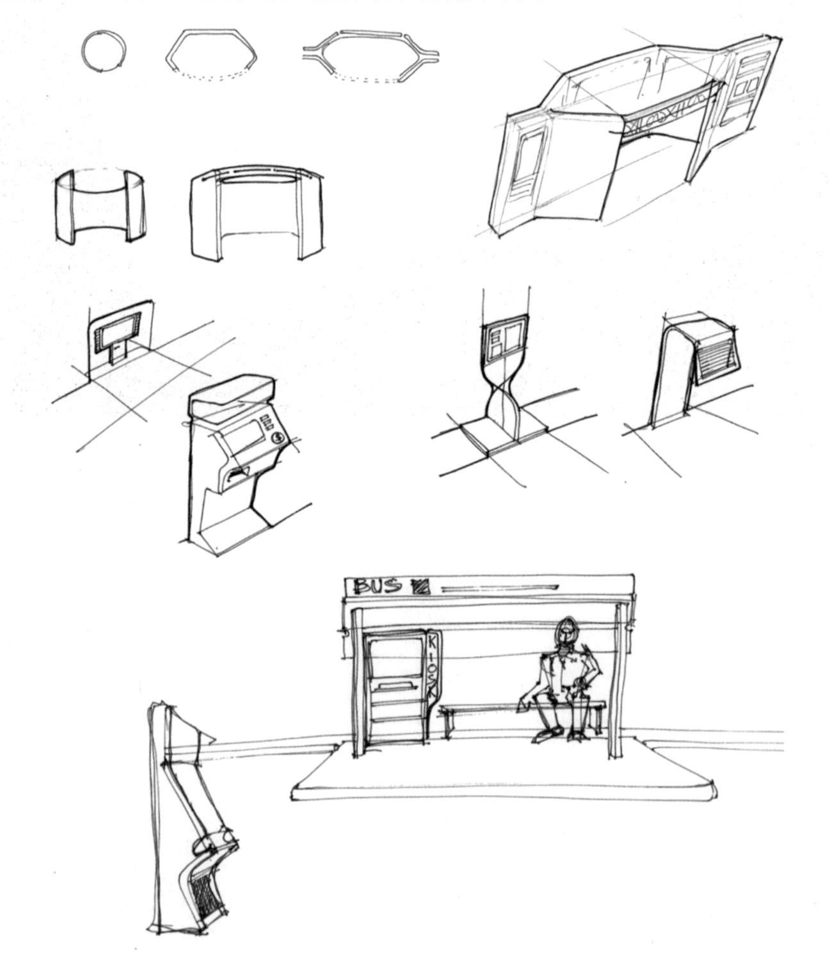

图 14.6
TKS 的自由手绘（草图由弗吉尼亚理工大学工业设计系的 Akshay Sharma 提供）

图 14.7
TKS 的构思和设计探索草图（草图由弗吉尼亚理工大学工业设计系的 Akshay Sharma 提供）

图 14.8
设计师正在画草图（摄影：弗吉尼亚理工大学工业设计系的 Akshay Sharma）

示例：为笔记本投影仪项目画草图

本例展示了 K-YAN 项目的草图样本（K-YAN 的意思是 vehicle for knowledge，即“知识的载体”），这是弗吉尼亚理工大学工业设计系和 IL&FS[①] 的一项探索性合作，目的是开发一种结合了笔记本电脑和投影仪的单一便携式设备，供印度农村使用。感谢弗吉尼亚理工大学工业设计系的 Akshay Sharma 提供该项目的各种探索性草图，如图 14.9 到图 14.12 所示。

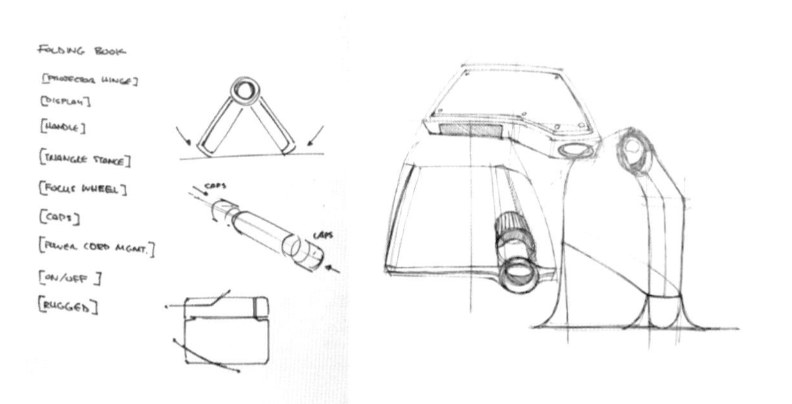

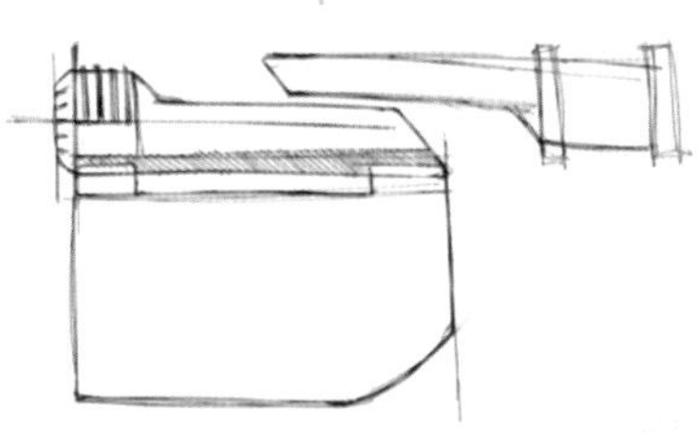

图 14.9
K-YAN 早期的概念草图（由弗吉尼亚理工大学工业设计系的 Akshay Sharma 提供）

① www.ilfsindia.com

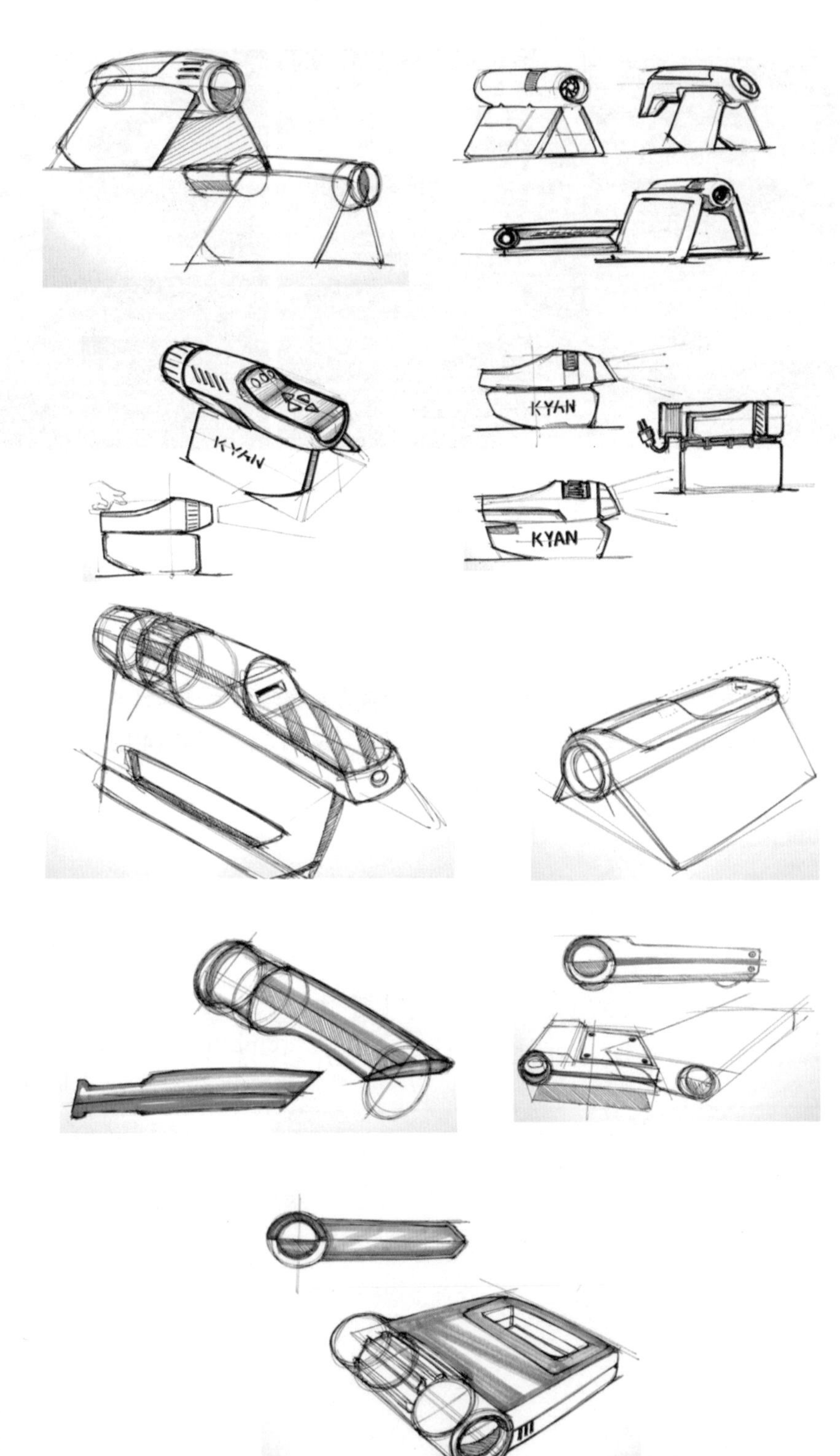

图 14.10
K-YAN 中保真探索草图（由弗吉尼亚理工大学工业设计系的 Akshay Sharma 提供）

图 14.11
探索 K-YAN 翻盖机制的草图（由弗吉尼亚理工大学工业设计系的 Akshay Sharma 提供）

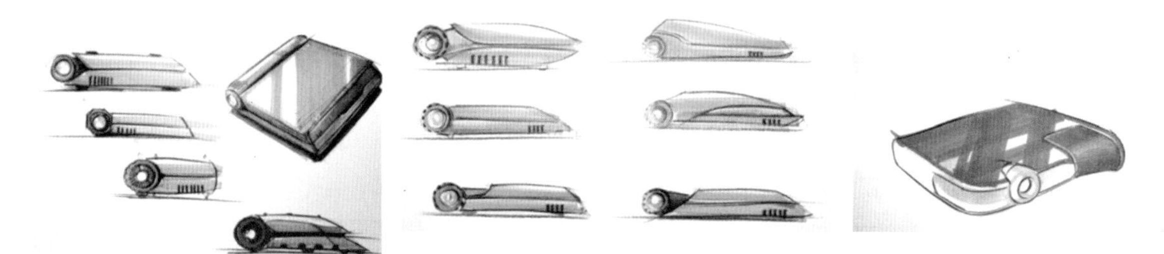

图 14.12
探索各种形式的 K-YAN 的情感影响的草图（由弗吉尼亚理工大学工业设计系的 Akshay Sharma 提供）

14.3.3　练习 14.3：构思和草图练习

目标：练习设计构思和草图。

活动：强烈推荐在一个小组中完成本练习，但也可以和另一个人一起做。

- 拿出白纸、合适的记号笔和其他画草图可能需要的其他任何用品。
- 选一个主题、系统或设备。建议是你熟悉的东西。下面以洗碗机为例。
- 从一些关于如何设计新的和改进的洗碗机概念的自由构思开始。不要局限于传统设计。
- 顺其自然，看看会发生什么。
- 记住，这是一个关于过程的练习，所以为产品提出的方案并不那么重要。
- 在构思过程中，每个人都要为洗碗机设计中出现的思路绘制草图。
- 从生态视角的设计草图开始。对于洗碗机来说，生态可能包括你的饭厅、厨房和平时的餐具流动方式。可以加入一些非正统的东西：从餐桌上画一条传送带，穿过你的洗碗机，最后到碗柜。勾勒出避免使用纸盘如何节省资源而且不会填满垃圾桶。
- 从交互视角绘制一些草图，展示操作洗碗机的不同方式：如何装载和卸载，以及如何设置洗涤循环参数并开机。
- 绘制一些草图来反映产品用户体验的情感视角。这可能较难，但值得花些时间尝试。
- 构思。草图，草图，还是草图。进行头脑风暴并讨论。

交付物：构思过程及其结果的简短书面说明，以及所有提供支持的草图。

时间安排：准备足够的时间以充分练习。

练习 14.4：为系统进行构思和草图

目标：更多地练习构思和草图。执行和上个练习一样的操作，但这次针对的是自己的系统。

交互视角
interaction perspective

在用户需求金字塔最底部的生态层和最顶部的情感层之间的交互层采取的设计观点。交互视角关于的是用户如何操作系统或产品。它是一个任务和意图 (task and intention) 视图，用户和系统在这里交汇。它是用户查看显示和操作控件，以及采取感官、认知和身体动作的地方 (12.3.1 节)。

14.3.4 作为具身草图的物理模型

草图是用于发明的二维视觉载体，用于构思物理设备或产品的物理模型则是三维草图。和其他任何草图一样，作为草图的物理模型也能快速制作，而且也是一次性的，用随手可得的材料制成，用于为探索设计愿景和替代方案创造有形的道具。

可将物理模型视为一个具身的草图，因其更像是设计思路的物理表现，并且是可以触摸、握持和操作的有形工件 (图 14.13)。

图 14.13
粗略物理模型的例子 (由弗吉尼亚理工大学工业设计系的 Akshay Sharma 提供)

在此过程的后期，在设计探索完成后，可能需要一个看起来更完整的 3D 设计形式 (图 14.14)，以便向客户和负责实现的人员展示。

图 14.14
完成度较高的实物模型 (由弗吉尼亚理工大学工业设计系的 Akshay Sharma 提供)

14.4　评审

评审 (critiquing) 是评估每个设计思路以确定优势、劣势、约束和取舍的一种活动。

在高层次上，评审的目标是分析设计是否具备以下特征。

- 满足设计目标？
- 是否很好地符合生态？能与环境中的其他设备无缝通信？
- 是否支持与其他设备所需的交互？
- 提供良好的可用性？
- 唤起积极的情感影响？
- 为用户产生意义性？

生成式设计的这一评审部分从来都不是正式的；没有既定的方法。它是对多个替代方案的快速、激烈和随心所欲的比较，并为进一步的替代方案提供灵感。

在评审活动中加入用户

将从头脑风暴获得的所有思路中的精华汇聚成一个关于如何完成工作的全局重新设计，并将新的愿景传达给客户和用户。

- 进行这种批判性分析时，请引入大量具有广泛不同背景、观点和个性的人。
- 展示思路和草图及其相关模型。
- 让他们交谈、争论和评判。
- 你的工作是倾听。

图 14.15 展示了在弗吉尼亚理工大学创意工作室进行评审的一个例子。

图 14.15
在弗吉尼亚理工大学创意工作室 Kiva 中进行的评审
(摄影：弗吉尼亚理工大学工业设计系的 Akshay Sharma)

14.5 构思、草图和评审的“交战规则”

构思、草图和评审过程中，须记住以下几个规则。

14.5.1 管住自己

这个过程应该是民主的，包含以下几个意思：

- 每个思路都具有等同的价值；
- 没有自我 (ego-free) 的过程；
- 没有思路的所有权，所有思路都属于团体。

14.5.2 注意自己处于哪种模式

以前在研究生院时，我 (Rex) 读了一篇关于“走走停停式思维”(stop-and-go thinking) 的简单论文 (Mason, 1968)，从那时起，它就影响着我对解决问题和头脑风暴的看法。该论文建议，如果将构思时的创造性思维与评审时的司法公正思维分开，将获得更好的思路并做出更明智的判断。

虽然构思和评审交织于整个设计过程，但你在任何给定的时刻都应知道自己处于哪种模式，而且两种模式不能混合在一起。在头脑风暴的经典传统中，无论可行性如何，构思都应产生一个纯粹的思路历程 (flow of ideas)。虽然我们知道，现实的实现约束最终必须被考虑，而且会在最终的总体设计占据一定地位，但过早地说“嘿，等一下！”会扼杀创新。

Mason(1968) 将这种构思和评审的分离称为“前进 (go) 模式和停止 (stop) 模式的思维”或者“走走停停的思维”。在思路创建 (go) 模式中，你采用一种随心所欲的心态，各种奇葩思路都允许出现。在评审 (stop) 模式下，你恢复为冷血、批判的态度，使你的判断力得以充分发挥。

构思期间，你可以变得很激进；可以在安全区外玩耍，没人能把你击倒。如果很早就吼“那样不行”“他们都试过”“成本太高”“我们没有一个小部件”或者“我们的实现平台不支持”，会不公平地阻碍和挫败创新的第一步。IDEO 的设计团队在进行设计讨论期间，通过摁响绑在手腕上的自行车铃提醒下得过早的论断 (ABC 夜线 , 1999)。

14.5.3 迭代探索

寻求最佳设计思路需要探索大量的可能性和候选设计。探索思路最佳的工具是构思、草图和评审，并结合全面的迭代 (Buxton, 2007b)。准备好快速尝试，尝试，再尝试。想想爱迪生通过上万次实验才创造了一个可用和有用的电灯泡吧。

第 15 章

心智模型和概念设计

本章重点

- 心智模型：
  - 什么是心智模型？
  - 理想的心智模型
  - 设计师的心智模型
  - 用户的心智模型
  - 概念设计作为不同心智模型之间的映射
- 进行概念设计：
  - 从生态的概念设计开始
  - 交互的概念设计
  - 情感影响的概念设计
  - 在概念设计中利用设计模式
  - 在概念设计中利用隐喻
  - 按工作角色进行子系统的概念设计

15.1 导言

15.1.1 当前位置

在每章的开头，都会以“当前位置”(You Are Here) 为题，介绍本章在“UX 轮” (The Wheel) 这个总体 UX 设计生命周期模板背景下的主题 (图 15.1)。本章继续讲述 UX 设计过程，重点是“概念设计”，目的是将设计师的心智模型传达给用户。

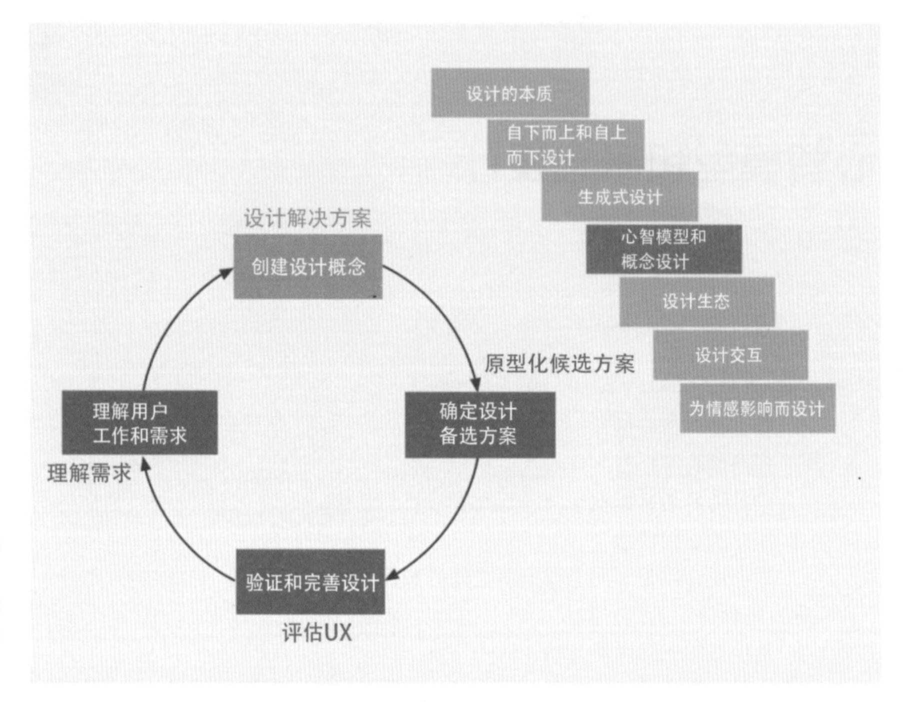

图 15.1
当前位置：在“设计解决方案”生命周期活动中，心智模型和概念设计的作用。整个轮对应的是总体的生命周期过程

15.1.2 心智模型

心智模型 (mental model) 是对某人关于某事如何运作的思考过程的描述、理解或解释。UX 的心智模型是指某人 (例如设计师或用户) 认为产品或系统如何工作的。

设计师的心智模型 (有希望) 是正确的。但对于那些可能不完全理解系统的用户来说，对于产品或系统的工作方式，他们有着自己的心智模型，只是正确与否不好说。如用户的心智模型正确，用户就会知道如何使用系统。最终还是要由设计师来创建一个概念设计，向用户传达正确的心智模型。

19.3 节展示了不正确的心智模型如何成为笑话的一个例子。

15.2 概念设计如何成为心智模型之间的连接

图 15.2 展示了概念设计 (图的中心) 如何将设计师的心智模型 (靠近顶部) 映射到用户的心智模型 (靠近底部)。

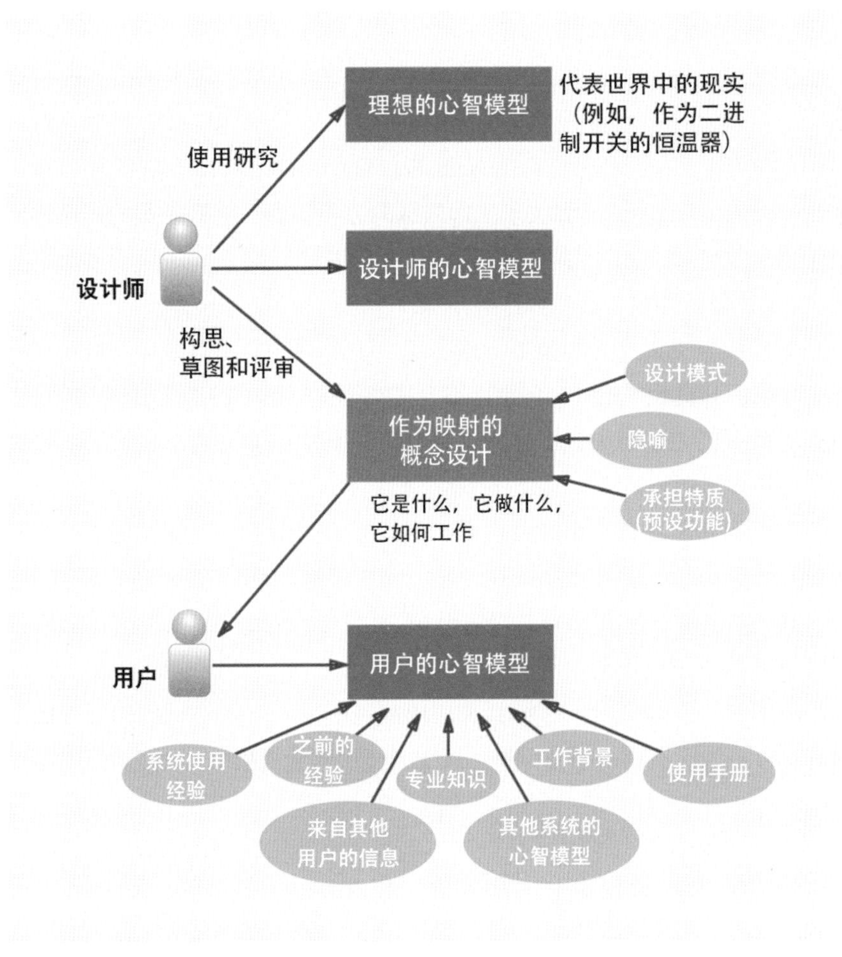

图 15.2
概念设计是设计师心智模型到用户心智模型的一个映射

它的工作原理说明如下。

1. 理想的心智模型代表了恒温器之类的东西在世界中如何工作的现实。

2. 设计师通过使用研究、与行业专家 (SME) 的交互、分析等来研究这一现实。

3. 设计师基于对如此捕获的现实的理解，开发一个 (可能是部分的和 / 或不完全正确的) 心智模型。

4. 设计师将此心智模型构建到概念设计中。

5. 概念设计将设计师的理解传达给用户。

6. 如果用户已经对现实有一些理解，概念设计可能证实、也可能挑战这一理解。否则，用户 (希望会) 从概念设计中了解该系统或产品的工作方式。

我们将在接下来的小节中解释该图的各个部分。

15.2.1　理想的心智模型

理想的心智模型在理论上正确描述了给定系统或产品的一个给定设计和一个给定实现，以及该系统或产品的工作方式。理想的心智模型是对世界中的知识的一个假设抽象 (hypothetical abstraction)，其中包括行业知识 (subject matter expertise) 和关于工作领域的完整知识。这些完整的知识将由后端系统设计师掌握，或在系统设计团队中共享。对于大多数领域简单的系统，UX 设计师也可能掌握这些知识。

继续以常见的室内恒温器为例，用户手册可能会说明你可以将其调高或调低以使其更暖或更冷，但可能不会完整解释恒温器的工作原理。但是，服务手册可能包含有关恒温器内部构件的完整知识的文档，包括使用哪种类型的热敏材料、其膨胀曲线是什么、材料公差是多少等。

恒温器是非常简单的设备，其理想的心智模型广为人知和理解。正如诺曼在其畅销书《日常事物的设计》一书中解释的那样 (Norman, 1990, pp. 38–39)，大多数恒温器都是二进制开关，可以简单地打开或关闭。感应到环境温度低于目标值时，加热系统开关合上，恒温器启动加热。温度上升到目标值时，开关分开，恒温器关闭热源。所以，一个不正确的心智模型是认为可将恒温器调高到高于目标温度来使房间升温更快。

15.2.2　设计师的心智模型

设计师的心智模型有时也称为“概念模型”(Johnson & Henderson, 2002, p. 26)，是设计师对设想系统的组织方式、它做的事情和工作方式的理解。如果有人应该知道这些事情，那就是创建系统的设计师。但是，预先没有明确的心智模型就开始构建系统的情况并不少见。结果可能是一个重点不突出的设计，无法在用户和设计师的心智模型之间建立映射 (图 15.2 中间)，导致用户感到沮丧。

15.2.3　用户的心智模型

Veer and Melguizo(2003) 引用 Carroll and Olson(1987) 的话，将用户的心智模型定义为“反映用户对系统理解的心智表征 (mental representation)”。这是用户内心对特定系统如何工作的解释。如 Norman(1990) 所述，人类在面临陌生情况时，自然的反应就是一点儿一点儿地开始构建一个解释模型。我们会寻找因果关系并形成理论来解释我们观察到的内容和原因，它帮助指导我们在任务执行过程中的行为和行动。

如图 15.2 所示，每个用户的心智模型是许多不同输入的产物，其中包括诺曼 (Norman) 常说的头脑中的知识 (knowledge in the head) 和世界中的知识 (knowledge in the world)。头脑中的知识来自其他系统的心智模型、用户专业知识和以前的经验。世界中的知识来自其他用户、工作环境、共同的文化习俗、文档和系统本身的概念设计。这后一种用户知识来源是 UX 设计师的责任。

15.2.4　概念设计作为不同心智模型之间的映射

概念设计 (conceptual design) 是包含主题、隐喻、概念或思路的设计的一部分，目的是传达系统或产品的设计愿景，对应于诺曼所说的设计师心智模型的“系统形象” (system image)(Norman, 1990, pp. 16, 189–190)。概念设计 (图 15.2 底部倒数第二个框) 的目标是将设计师的心智模型传达给用户。

概念设计必须以用户可以习得 (acquire) 或形成类似心智模型的方式传达设计师的心智模型，从而知道如何使用系统。没有有效的概念设计，用户与系统的一个部分进行交互所获得的经验将无法运用于与另一部分的交互。

隐喻
metaphor

设计中采用的一种类比，用熟悉的传统知识来交流和解释不熟悉的概念。中心隐喻常常成为产品的主题 (theme)，是概念设计背后的主旨 (motif)(15.3.6 节)。

示例：华盛顿特区的地铁售票机

华盛顿特区的地铁售票机 (图 15.3) 就是一个缺乏良好概念设计的系统示例，它看起来与任何其他售票机都不一样。这就是我们所说的“show up and throw up”* 用户界面。这种类型的设计有时也称为“信息泛滥”(information flooding)。设计师没有确定用户需要什么信息以及何时需要，所以他们一次展示全部内容，让用户从中选取。

用户来到这个售票机前，会看到一排令人眼花缭乱的按钮和各种各样的显示。记住这里的交互场景，用户是要急着买票上车。此外，这些用户中很大一部分是游客，之前没有使用该系统的经验。最后，用户后面通常有一排人在排队等着，所以压力是快速拿票，不能让整个队伍都等着。

*** 译注**

销售术语，急匆匆地展示产品的全部功能，说这个好，那个好，就是不听用户真正想要什么。

图 15.3
华盛顿特区的地铁售票机

假如用户尝试购买一次性票卡，首先必须阅读机器顶部那些小小的文字来确定票价是多少。如果成功，必须选择顶部 Select Purchase(选择购买) 区域旁边的三个选项之一，选择要购买的票卡类型。幸好，这个选项位于屏幕顶部，是用户开始寻找的合理位置。但是，如果用户已经有一张可充值的 Smartrip 卡，就必须先把卡贴到机器底部中央部分的圆形区域，在 Insert Payment(插入付款) 标签的右边。然后，必须从顶部的 Select Purchase 步骤中选择一个选项。然后，使用中央的可用选项之一付款，再次把卡贴到中间的圆形区域。这是一系列事先完全无从猜测的步骤，仅通过售票机中央的小字进行解释。

即使设计师有一个清晰的心智模型，他们也没有在有效的概念设计中表达出来。所以，用户无法形成系统如何工作的心智模型。并非所有类型的交易对工作流程三步骤的支持都一致。例如，Smartrip 用户或试图将其现有票卡余额合并成一张卡的用户不是从 Select Purchase 步骤开始。类似地，并非所有支付步骤都组织到中间的支付区域，注意底部的 coin return(退币)。由于好多人不清楚怎么用而不得不在现场设置 (并为其发工资) 地铁员工以提供帮助，这首先就失去了“自助售票机”的意义。

把它和纽约的地铁售票机比较，后者是用触摸屏界面引导完成任务流程，用户不会一次就被所有选项淹没。

15.3　设计始于概念设计

清晰一致的概念设计可确保产品或系统设计的其余部分向用户呈现统一且连贯的外观。

进行了使用研究之后，许多设计师直接开始绘制屏幕、菜单结构和小部件的草图。但是，Johnson and Henderson(2002) 会告诉你，在绘制任何屏幕或用户界面对象之前，要先从概念设计开始。正如他们所说，屏幕草图是“系统如何向用户展示自己”的设计，所以“最好先设计系统对他们来说是什么。”屏幕设计和小部件最终都会出现，但如果没有明确定义的底层概念结构，可能会在交互细节上浪费时间和精力。Norman(2008) 这样说：“人们想要的是可用的设备，其实就是可以理解的设备”(后半句是我们加的)。

概念设计进行创新和头脑风暴以肥沃一些土壤，然后培育用户体验的种子，以建立这种理解。不预先进行有效的概念设计，以后将永远无法迭代设计以产生良好的用户体验。概念设计是建立产品的隐喻或主题——即“概念”——的地方。

创建概念设计的一般规则是，设计师的心智模型必须在概念设计中清晰、准确、完整地表达出来。套用约翰逊和亨德逊 (Johnson 和 Henderson) 的概念设计规则：在代表设计师心智模型的概念设计中没有的东西，系统就不应该要求用户意识到它。

生态
ecology

在 UX 设计的背景下，生态是指用户、产品或系统与之交互的整个世界的周边部分，包括网络、其他用户、设备和信息结构 (16.2.1 节)。

情感影响
emotional impact

用户体验的情感部分，影响用户的感受。这些情感包括快乐、愉悦、趣味、满意、美学、酷、参与和新颖，而且可能涉及更深层的情感因素，例如自我表达 (self-expression)、自我认同 (self-identity)、对世界做出了贡献以及主人翁的自豪感 (1.4.4 节)。

15.3.1 用户需求金字塔的每一层都需要一个概念设计组件

开始为生态、交互和情感影响进行设计之前，必须为用户需求金字塔 (12.3.1 节) 的每一层创建概念设计的组件 (参见图 15.4)，具体如下。

- 生态组件帮助用户理解产品 / 系统如何融入生态并与生态中的其他产品 / 系统协同工作；
- 交互组件帮助用户了解如何使用产品或系统；
- 情感组件传达预期的情感影响。

后续小节将对这三层的概念设计组件进行详细解释。

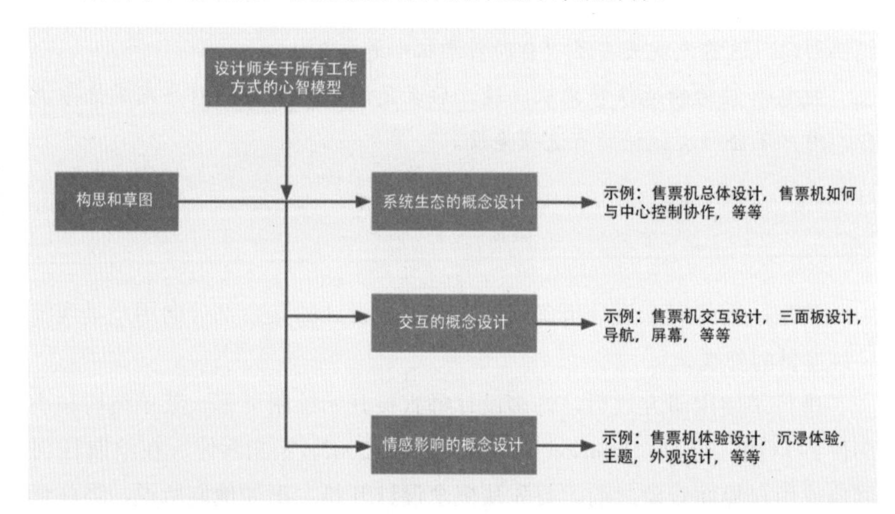

图 15.4
设计师工作流程和用户需求金字塔三层之间的联系

15.3.2 工作实践生态的概念设计：描述完整使用场景

系统生态的心智模型帮助用户理解产品或系统如何融入其生态，并与该生态中的其他产品和系统协同工作。接下来，扩展之前对恒温器的解释，把它们的生态也包括进来。

恒温器生态包括由三个主要部件组成的加热 (和 / 或冷却) 系统：加热或冷却单元、加热或冷却分配网络以及控制单元，后者就是恒温器和其他一些隐藏电路。例如，加热单元可以是燃气、电或木炭。冷却单元可能使用电力来运行压缩机。加热或冷却分配网络使用风扇或鼓风机通过热风管道输送加热或冷却的空气，或者通过一个泵向埋在地板下的管道输送加热或冷却的水。最后，这个生态还包含一个被加热或冷却的生活空间，以及它的环境温度。

接着，我们指出恒温器用于控制房间或其他空间的温度，从而强调恒温器在其生态系统中的作用。它通过打开加热或冷却单元来做到这一点，直到居所温度保持在用户可设置的一个值附近，从而保持人们的舒适度。换言之，恒温器设计的模型是一个控制器，它检查环境温度并保持热源或冷却单元打开或关闭，直到检测到所需的值。

如果设计师计划创建一个智能恒温器，他们的心智模型还将包括一种感知居所内用户以确定是否有人的方法，这样就能在无人时节约能源。这包括传感器位置，自这些传感器的数据如何传送到恒温器，以及用户离开家时如何控制系统。所以，概念设计将扩展到包括与互联网的连接，数据是否在一段时间内保存以进行趋势分析，以及系统是否提供其他类型的反馈，例如与附近或朋友 / 家人的能耗平均值进行比较。

15.3.3　针对交互的概念设计：描述用户如何操作

对于交互，概念设计是关于用户如何操作系统或产品的一个面向任务的视图。对于和系统交互的不同平台 / 系统，需要有不同的模型。例如，恒温器可以是安装在墙上的传统物理设备，也可以是通过互联网与物理设备连接的智能手机应用。

在物理设备情况下，用户可以看到两个数字温度显示，显示方式既可以是模拟，也可以是数字。其中，一个数字是当前环境温度，另一个是设定的目标温度。将有一个旋钮、滑块或其他机制来设置目标温度。这涵盖了操作恒温器的感官和物理用户操作。但在恒温器操作期间，用户的认知以及对用户行为的意图的正确形成，取决于对其行为的心智模型的理解。

第二种可能的交互设计 (我们用它揭示概念设计) 则可能有一个显示单元，提供诸如“检查环境温度”、“温度低于目标值，请打开加热器”以及“温度达标；请关机” 等反馈消息。这种设计可能因生产过程过于复杂而受到影响，而且额外的显示可能分散有经验的用户 (即大多数用户) 的注意力。不过，它确实展示了能通过交互角度的概念设计，将设计师的心智模型投射给用户。

概念设计还必须说明用户建立生态所需的交互，包括将恒温器连接到互联网，用智能手机应用访问，并登录任何必要的账户。

15.3.4 情感视角下的概念设计：描述预期的情感影响

对于情感方面，概念设计是对预期的主要情感反应 (overarching emotional response) 的描述。在恒温器的例子中，这可能是关于钢和玻璃部件的现代和时尚美学与使用塑料材料的传统设计形成对比的情感效果。情感的概念设计还包括物理设计，它如何与房子的装修风格适应，以及它的生产工艺。设计师还可能对设备上的显示的视觉设计有具体的计划，包括要使用的 LED 类型以及是否有可用的颜色选项。传统的朴素外观在 Nest 恒温器的精致外观面前败下阵来 (图 15.5)，尤其是这个设计传达了这样的理念：Nest 除了时尚的外观，内部还可以做好多有用的事情，所以显得很酷。

图 15.5
旧式恒温器和 Nest 恒温器的外观对比

15.3.5 在概念设计中利用设计模式

设计模式是针对常见设计问题的一种可重复的解决方案，它作为最佳实践出现，促进共享、重用和一致性 (14.2.8.5 节、17.3.4 节和 15.3.5 节)。设计模式是需要重用交互结构、配色方案、字体、物理布局、外观和感觉以及交互对象位置的设计风格。 它们有助于保持一致性和易学性。以众所周知的应用程序 (例如 Microsoft Outlook) 为例，我们可以思考一下设计师如何将已知应用程序的概念设计的设计模式搬到新应用程序中。人们已经熟悉了左侧的导航栏、右上角的列表视图以及对列表下方所选项目的预览。所以，如果设计人员在新的邮件应用程序的概念设计中使用相同的思路，人们对软件的熟悉感就会得以延续。

15.3.6　在概念设计中利用隐喻

隐喻是在设计中采用的一种类比，用熟悉的传统知识来交流和解释不熟悉的概念。中心隐喻常常成为产品的主题，是概念设计背后的主旨。隐喻使用户在学习如何使用新的系统特性时调整他们已经知道的东西，从而对新系统 / 产品的复杂性进行控制。

隐喻是使用熟悉的传统知识对不熟悉的事物进行交流和解释的类比。这种熟悉感成为设计其余部分的基础，并始终贯穿这些部分。

用户对现有系统或现有现象的了解可在学习如何使用新系统时加以调整 (Carroll & Thomas, 1982)。我们使用隐喻来控制设计的复杂性，使其易学易用，而不是试图降低总体复杂性 (Carroll, Mack, & Kellogg, 1988)。

一个很好的例子是现在普遍存在的桌面隐喻。当个人电脑图形用户界面的思路在经济上变得可行时，施乐帕罗奥多研究中心的设计师面临着一个有趣的 UX 设计挑战：如何与用户沟通，他们中大多数人都是第一次看到这种电脑，交互设计如何运作。

为此，他们创造了强大的“桌面”比喻。该设计利用了人们对桌面工作方式的熟悉。它有文件、文件夹、放置当前工作文档的空间以及一个可以丢弃文档的“垃圾桶”(丢弃后还可以“捡”回来，除非垃圾桶本身被清空)。这个简单的日常办公桌的类比在其简单性方面非常出色，并且可以传达全新技术的复杂性。

在 Macintosh 操作系统的 Time Machine 功能中可以找到交互概念设计隐喻的另一个很好的例子。作为一种备份功能，用户可以使用“时间机器”回到旧的备份——按照用户界面的指导穿越时间——以检索丢失或意外删除的文件。

此功能的设计师使用动画来表示穿越时间回到用户备份的点。可选择该备份中的任何文件并将其带回当前以还原。这种概念设计之所以有效，是因其使用了一个熟悉的隐喻来简化和解释数据备份的复杂性。其他备份产品也提供了类似功能，但更难交互，因为它们缺乏类似的隐喻来反映其工作方式。

物理性
physicality
指与真实物理 (硬件) 设备的真实的、直接的物理交互，例如抓握和移动旋钮和把手 (30.3.2.4 节)。

示例：物理作为 UX 概念中的隐喻

在 iOS 设备 (如 iPad) 上滚动列表时，通过向上或向下滑动手指来完成，这展示了在交互中称为物理 (physics) 的现象，好像用手指旋转一个大轮子一样完成滚动。显示效果呈现出这个“轮子”具有较大的质量，所以它具有惯性，可在你松开手指后保持旋转。但也表现出摩擦，很快就会减慢并停止。

所以，这个显示效果涉及质量、惯性和摩擦力，这些都是物理参数。展示质量和惯性的方式是如此真实，以至于手指感觉就像触摸一个真正的轮子。这是一种人造的物理性。如果用户旋转超过目标位置，大多数定义都在技术上将其视为“错误”。但感觉上这又不是错误，因为对于有质量的轮子来说，这十分正常，所以他们只是自然地把它向后转一点。

看看当“物理”按用户预期工作时交互有多自然？其他例子还有到达列表末尾时的橡皮筋效果和按钮上的触觉反馈。

隐喻使用不当可能造成混淆

作为概念设计的关键组成部分，隐喻设定了设计如何运作的主题，在设计师的愿景和用户的期望之间建立了共识。但和任何类比一样，当现有知识与新设计不匹配时，隐喻就会失效。

隐喻失效，就违反了概念设计中隐含的共识。Macintosh 平台有一个著名的例子，即通过将一个外部磁盘的图标拖入垃圾桶以弹出该磁盘的设计。它展示了隐喻失效会令人多么别扭。如果在外部磁盘拖放到垃圾桶上时丢弃该磁盘，或至少删除其中的内容，而不是弹出它，那么可能更忠实于桌面比喻。不过，那也太危险了。

也许将设备图标从计算机图标中“拉”出以执行“弹出设备”操作更佳。

15.3.7 按工作角色划分的子系统的概念设计

8.7.3 节讨论了如何按工作角色将整个产品或系统划分为子块。每个这样的子系统在金字塔内都有自己的用户需求：生态、交互和情感。换言之，对于和子系统对应的每个工作角色，我们都必须考虑生态、交互和情感的概念设计 (图 15.6)。

后续三章将介绍金字塔每一层的设计 (包括创建概念设计)。

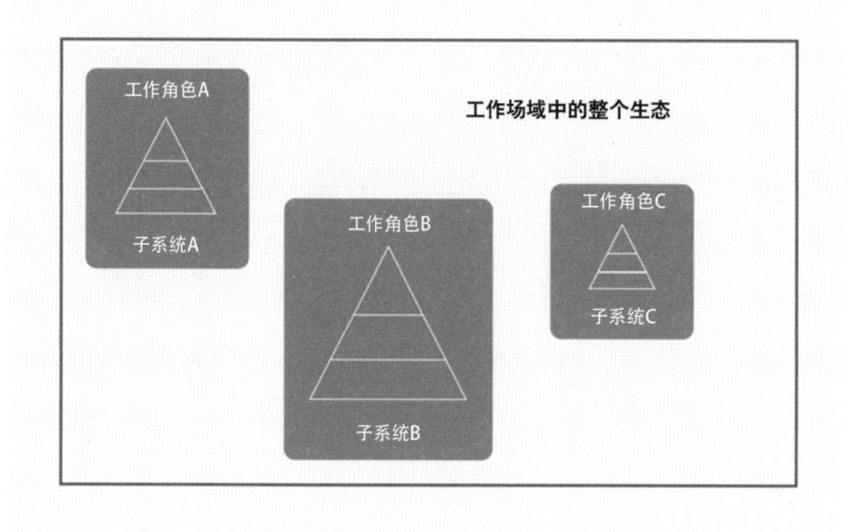

图 15.6
概念设计的两个维度：由不同工作角色定义的子系统，每个工作角色都要强调用户需求金字塔的每一层

练习 15.1：系统的概念设计

目标：练习初始概念设计。

活动：思考系统和使用研究数据，设想一个概念设计 (包括任何隐喻) 以说明系统的总体工作方式。

尝试传达设计师关于系统工作方式的心智模型或设计愿景。

交付物：概念设计的简短书面描述和 / 或一些与他人分享的演示幻灯片。

时间安排：可根据具体需要自行决定需要多少时间。

第 16 章

设计生态和普适信息架构

本章重点

- 为生态需求而设计
- 创建生态设计
- 示例：普适信息中的一个购物应用程序的生态

16.1 导言

当前位置

在每章的开头，都会以“当前位置”(You Are Here) 为题，介绍本章在“UX 轮”(The Wheel) 这个总体 UX 设计生命周期模板背景下的主题 (图 16.1)。本章描述如何为人类需求金字塔基础层——生态——而设计。

12.3 节说过，生态需求涉及的是工作实践的总体要求、约束和活动，而不仅仅是正在设计的产品或系统。本章将设计生态以满足用户的这些需求。

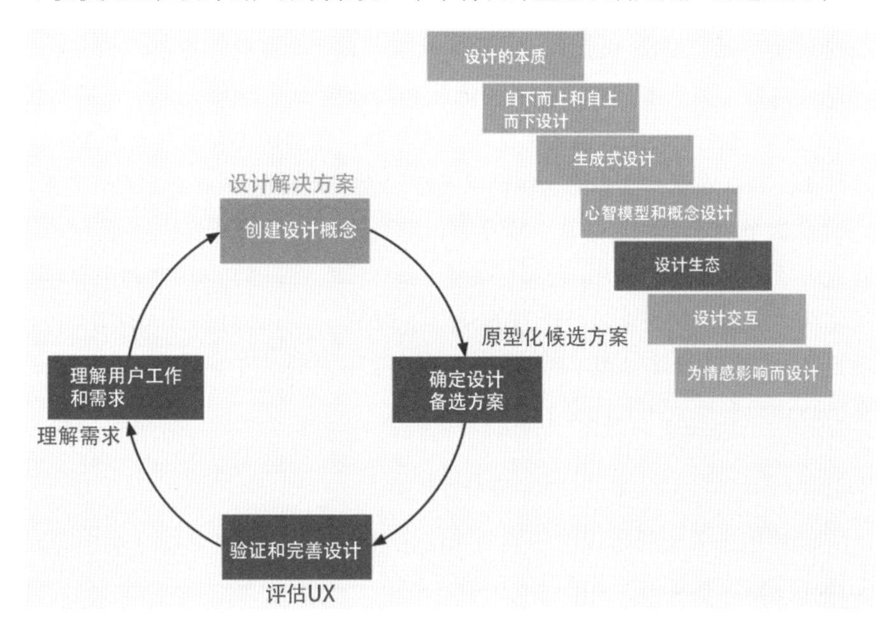

图 16.1
当前位置：在“设计解决方案”生命周期活动中设计生态。整个轮对应的是总体的生命周期过程

16.2 为生态需求而设计

16.2.1 生态设计：需求金字塔的基础层经常被忽视

在UX设计的背景下，生态(ecology)是指用户、产品或系统与之交互的整个世界的周边部分，包括网络、其他用户、设备和信息结构。为生态需求而设计是UX实践中最容易被忽视的方面之一。直接进入交互设计(屏幕和视觉设计)来取得进展，这是一个相当大的诱惑，因为它更容易将用户在任务级别的战术需求(tactical need)转化为UI中的相应小部件或模式。但是，为了让用户在工作实践中富有成效，他们首先需要做到以下几点。

- 了解更广泛的生态。
- 能参与其中。

设计生态迫使我们考虑整个系统以及它如何解决更广泛的工作活动。

示例：iTunes：首先满足生态需求

考虑听音乐的“工作”实践。如果用户拿到一个全新的音乐设备，比如iPod，并被要求听他们最喜欢的歌曲，她将无法直接做到这一点，除非首先了解Apple生态的运作方式并进行一些活动来设置它。

为了理解生态，需要通过积累、组织、分类、操纵、分享、听音乐以及将各种设备同步到用户的音乐库来确定如何参与苹果的生态系统。

如果没有苹果的账户和Apple ID，她可能要创建一个。然后，她通过Apple ID将她的iPod链接到iTunes。然后，她需要在现有的音乐库或音乐流媒体服务(如果有的话)中寻找她最喜欢的歌曲。如果没有，就需要在Apple或其他兼容的音乐商店浏览或搜索歌曲，然后购买和下载或流式传输该歌曲。只有在这些生态需求得到满足后，才能开始和iPod交互来听音乐。

在这个例子中，生态需求很复杂，可能严重阻碍听音乐的欲望。但这就是这项工作活动的性质，因为从法律(音乐行业的反盗版要求)到平台(苹果复杂的生态系统要求你处理iTunes、Apple ID、Apple Music)到设备(iPod要连接Wi-Fi或蜂窝功能)到用户(保存在设备中的现有音乐库与流媒体服务上的订阅和播放列表设置)。

16.2.2 生态设计关于的是使用场景

设计生态关于的是设想和规划如何在最广泛的用户和系统环境中完成工作。这意味着要综合考虑以下几个因素。

- 用户用于完成工作的设备。
- 这些设备的外形和功能 (例如，手表、手机、平板电脑、笔记本电脑、台式机、壁挂显示器和环境传感器)。
- 使用场景 (例如，坐在办公桌前使用和移动时使用)。
- 基础设施限制 (例如，有连接与没有连接)。

16.2.3　普适信息架构

普适信息架构 (pervasive information architecture) 是用于组织、存储、检索、显示、操作和共享信息的一种结构，提供跨越广泛生态的各个部分的永远存在的信息可用性 (ever-present information availability)。

生态的 UX 设计几乎总是依赖于普适信息架构，它提供跨设备、用户和生态中其他部分的、永远存在的信息可用性。这使用户始终能与相同的信息交互，这些信息可能具有不同的形式，以不同的方式访问和显示，位于在不同的设备上，而且在不同的时间和不同的地点访问。

16.2.4　生态设计跨越多个交互通道

交互通道 (interaction channel) 是一种手段、模式或媒介，用户通过它和系统的各个组成部分进行交互和通信，其中包括视觉沟通以及语音 / 触觉交互等感官模式。该概念还包括台式电脑、智能手机等设备，以及面向系统的通道，例如互联网、Wi-Fi 连接、蓝牙等。

生态设计有时称为跨通道信息设计或普适信息设计 (Resmini & Rosati, 2011)(信息架构社区如是说) 或多平台用户界面 (Pyla, Tungare, and Pérez-Quiñones, 2006) 或连续用户界面 (Pyla, Tungare, & Pérez-Quiñones, 2006)(人机交互社区如是说)。

我们用电脑来完成工作时，本质上是在进行单平台计算。加入在平板电脑和智能手机上的工作，则扩展到多平台计算。

在一个生态中，单一服务和相关的普适信息架构可分布在多个平台上，所有这些都是完成工作所必须的 (Houben et al., 2017)。例如，你的银行发送一条短信，提醒你在网上发起了一个交易，但必须登录银行才能完成。

人们在普适计算 (Weiser, 1991) 和实体交互 (Ishii & Ullmer, 1997)/ 嵌入或交互方面的工作对信息的普适产生了强大的影响。信息对象 (information object) 能表现出行为，并能根据外部条件采取行动。此外，环境本身具有作用于信息对象的能力。

信息对象
information object

作为工作对象 (work object) 在内部存储的大断或片断 (article or piece) 信息 / 数据，它可以结构化，也可以非常简单。通常是用户操作的工作流程的核心数据实体；它们被组织、共享、标记、导航、搜索和浏览，以便进行访问和显示，修改和操作，并再次存回系统生态 (14.2.6.7 节)。

普适计算 / 交互
ubiquitous computing/interaction
在用户生态中几乎可以存在于任何地方的技术(以及用该技术进行的交互)，这些地方包括电器、家庭、办公室、立体声和娱乐系统、车辆、道路和用户携带的物品(公文包、钱包、手表)(6.2.6.2 节)。

要想进一步了解普适计算(与嵌入在我们日常环境中的透明技术的交互)、有形 / 实体交互(涉及用户操作中的物理性的交互)和嵌入交互的更多信息，请参见 19.3 节。

16.2.5 生态中的单一平台可能有多个交互通道

有的时候，同一平台内需要考虑多个不同的通道。虽然这在技术上是一个交互设计问题(下一章的重点)，但这里讨论它的目的是考虑到内容的连续性。以用户与典型的笔记本电脑进行交互为例，其中的交互通道如下：

- 通过键盘的文本输入通道；
- 通过触摸板或“摇杆”访问的触摸通道；
- 如屏幕支持触摸，那么也是触摸通道；
- 如触摸板支持触摸反馈，一个触觉通道；
- 通过计算机音箱的音频通道。

16.2.6 用户将整个生态视为单一的服务

考虑整个广泛的生态如何提供单一用户服务的一个例子。假设用户通过计算机和互联网在线下单，并选择免费送货到本地某个商店。之后不久，用户收到一封包含购买确认和发票副本的自动电子邮件。又过了一段时间，用户收到一封电子邮件，称该商品已发货，并提供了运单号。在接下来的一两天内，用户点击运单号即可查看物流情况。

随后，一封电子邮件和一条短信宣布快递已送达。很快，用户亲自前往商店取货。用户在其智能手机上调出获取电子邮件的副本，商店的人扫描条形码。用户用商店的平板电脑签名，确认收货。有时，另一封电子邮件会确认收货并结束交易。在此过程中，许多不同的交互、平台和设备，都在为单一的用户交易提供服务。

虽然可将商品和服务视为独立的事物，但诺曼展示了产品或服务的真正价值在于为客户 / 用户提供出色的体验。Norman(2009) 呼吁我们通过系统思考(我们称之为“生态设计”)为用户提供这种价值。

示例：有缺陷的生态设计会使用户感到沮丧

良好的生态设计使用户能执行工作领域中的所有活动(对工作活动的高级支持)，而不仅仅是特定的工作流程或任务。有缺陷的生态设计会导致用户在生态中的工作领域中导航时得到不一致的体验。我们最近就遇到了一个这样的问题，它说明了在苹果的生态设计的背景下，考虑生态与仅考虑交互之间的区别。

一个用户在苹果世界的生态包括台式机、笔记本电脑、平板、手机和智能手表。取决于交互的上下文，用户可以使用这些设备中的任何一种来访问其信息。本书作者雷克斯 (Rex) 在他的 iPhone 上搜索之前医生预约的一些细节，但没有返回结果。他很惊讶，因为他所有的年度体检预约都在日历应用中进行了跟踪。为了核实，他又尝试了台式机上的日历应用，发现预约是好好的。

调查原因，原来是根据 iPhone 的默认设置，只会保存最近一个月的预约，而他的上一次预约正好不在这个时间窗口内。搜索结果页上没有任何善于这个情况的说明；对搜索结果的这种限制隐藏在设备“设置”深处许多级别的某个地方。但台式机上的日历应用却没有这样的限制。苹果的设计师做出这个选择的原因可能是 iPhone 上可用的存储空间有限。

问题不在于那个选择，而在于设计师未能准确反映或解释它。负责 iPhone 搜索功能的设计师似乎只专注于手机上的交互设计 (如何处理搜索结果和默认日历范围)。但从用户的角度来看，在日历信息方面，手机与台式机并没有什么不同。它应该只是同一生态中的不同设备，对于用户而言，完整的日历信息应跨越该生态系统。

这个小例子清楚说明了为生态而设计和只为交互而设计的区别。如果苹果设计师考虑到生态设计，他们会更有效地支持搜索任务，同时仍然考虑到智能手机设备的限制。或许他们本可提供“未找到过去 30 天内的结果。继续在服务器上搜索？”的选项或其他类似的东西。

16.3　创建生态设计

生态视角。生态设计视角是一种观察系统或产品如何在其外部环境中工作的观点。它关于的是系统或产品如何在其上下文中使用，以及系统或产品如何与其环境中的所有组件交互或通信。

代表生态设计。生态的设计一般使用看起来像流程模型的一个概念图来表示，要在其中标识：

- 系统实体
- 工作角色
- 传播的信息

隐喻
metaphor

设计中采用的一种类比，用熟悉的传统知识来交流和解释不熟悉的概念。中心隐喻常常成为产品的主题 (theme)，是概念设计背后的主旨 (motif)(15.3.6 节)。

MUTTS
米德尔堡学院票务系统，Middleburg University Ticket Transaction Service

MUTTS 是是本书大多数过程相关章节的运行实例 (running example) (5.5 节)。

- 用户任务
- 生态边界
- 外部依赖
- 对概念的基础隐喻或主题的一个描述 (例如，协调一组相互连接的移动设备的中央母舰式服务)
- 它们是如何组合在一起

按工作角色确定子系统。9.6.7 节讨论了工作角色，并说明某些工作角色的工作流程和其他工作角色的工作流程几乎没有重叠。在许多系统中，总体设计的这些部分几乎是相互排斥的，允许我们对目标系统进行逻辑分区。

例如在 MUTTS 工作实践中，购票者的工作性质与活动经理的工作性质不同。他们很少 (几乎不会) 在 MUTTS 的生态中交互。每个工作角色都可被认为与一个子系统或者一个自成一体的生态关联。这意味着，可将工作实践的总体生态视为由一系列生态构成，每个子系统一个。这种分离使我们能以分而治之的方法降低整体设计复杂性。

子系统本身通过信息交换 (例如，通过中央数据库) 和在其边界负责该交换的专门工作角色进行连接。例如，系统或 IT 工程师等工作角色负责确保来自活动供应商的票务信息正确存储到数据库中，供购票者准确可靠地使用。

继续生成式设计。使用第 14 章讨论的构思和草图技术，继续合成关于生态是什么的思路，思考它包含什么(包括设备和通道)，有什么特性和能力，而且最重要的是，对它的工作方式进行解释的一个概念设计。目标是为生态概念设计的总体主题或隐喻建立尽可能多的思路。在思路产生并被捕获为草图后，团队对每个思路和概念进行评审以进行权衡。

为生态建立概念设计。例如，或许生态将具有“母舰”概念，其中一个中央实体充当生态中其他所有实体和设备的大脑和信息交换。或者，没有中央存储库概念的点对点架构能更好地服务于生态？这样的概念如何解决工作实践中的故障、限制或其他缺陷？

作为该阶段的一部分，你还应提出关于普适信息架构的思路。

普适信息架构
pervasive information architecture

用于组织、存储、检索、显示、操作和共享信息的一种结构，提供跨越广泛生态的各个部分的永远存在的信息可用性 (ever-present information availability)(12.4.4 节和 16.2.3 节)。

自洽 (self-sufficiency) 的问题。一个生态的自给自足归结为生态是如何构建的，以及它是否提供了用户在生态中茁壮成长、而不需要依赖于其他生态所需的一切。

作为一个例子，Norman(2009) 引用了亚马逊的 Kindle——一个自洽生态的范例。该产品用于看书、杂志或其他文本资料。使用它不需要用电脑来下载资源；设备可在自己的独立生态中工作。浏览、购买、下载书籍等是一个愉快的活动流程。Kindle 是便携的，自给自足的，并与现有的亚马逊账户协同工作，可跟踪你通过 Amazon.com 购买的书籍。它通过互联网连接到自己的生态，以下载和分享书籍和其他文件。每台 Kindle 都有自己的电子邮件地址，这样你和其他人可向它发送多种格式的资料供日后阅读。

自给自足的生态具有较少的依赖性，而且由于它完全包含用户，所以可提供更多控制来管理体验。相比之下，对于用户在生态内的运作方式，像 Apple 这样的封闭生态往往会做出自己的权衡。

生态视角
ecological perspective
从作为用户需求金字塔基础的生态层出发的一个设计观点，关于的是系统或产品如何在其外部环境中工作、交互和通信。它关于的是用户如何参与并在工作领域的生态中茁壮成长 (12.3.1)。

示例：TKS 生态的概念设计

对于售票机 (TKS) 系统，我们设想用一个中央控制系统来作为所有交易的枢纽。为了跟踪票的库存，并在用户购票期间管理票的临时锁定，中央控制系统是必要的。如交易被放弃或超时，这些票将被释放给其他客户。但这个概念的缺点在于，中央枢纽可能成为单点故障 (single point of failure)。一旦出现故障，所有售票机和网站都会一起瘫痪。

图 16.2 从生态角度展示了 TKS 系统的早期概念设计草图。来自售票机和网站的所有交易均由控制中心提供服务。用户在使用笔记本电脑、平板和手机进行搜索、浏览和购票时，将自己的个人生态带入总体流程。在这些用户设备中，至少一部分可用于包含电子票来代替实体票。这意味着每张票都必须有一个 ID 号，该 ID 可被活动场馆的售票机系统设备扫描。

团队提出了其他思路，例如能照顾到特定场馆座位布局的智能门票 (图 16.3)。在评审阶段，由于一些技术不可用，所以暴露出了可行性问题。然后，团队修改了这个思路，在场馆入口处放置小型的“座位位置查询”(seat location finder) 机器。这些找路机能扫描票并在屏幕上显示去到座位的路线。

图 16.3 展示了 TKS 系统生态概念设计的思路，侧重于用智能票引导用户就座的一个特性。

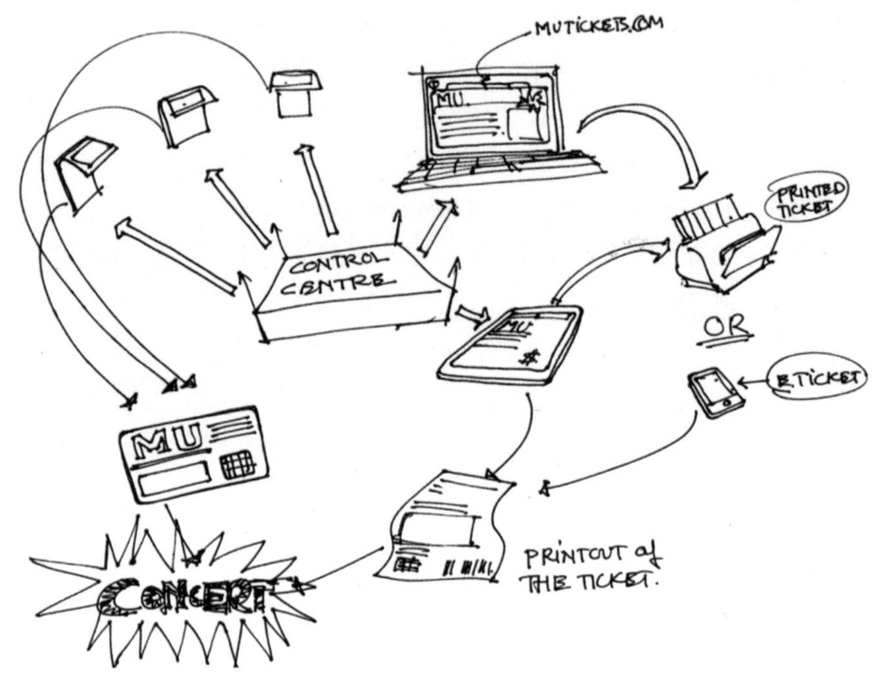

图 16.2
来自生态视角的早期概念设计思路（草图由弗吉尼亚理工大学工业设计系的 Akshay Sharma 提供）

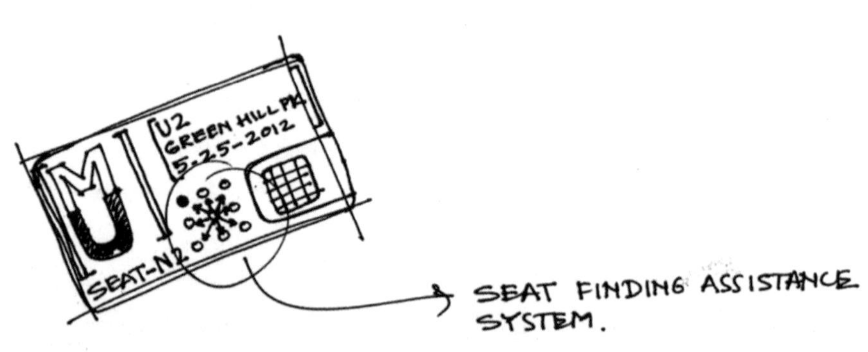

图 16.3
生态概念设计思路，侧重于用智能票引导用户就座（草图由弗吉尼亚理工大学工业设计系的 Akshay Sharma 提供）

图 16.4 展示了 TKS 系统的生态概念设计思路，侧重于显示与智能手机的通信连接的一个特性。可将一张虚拟票从售票机发送至你的移动设备，并用它来入场。

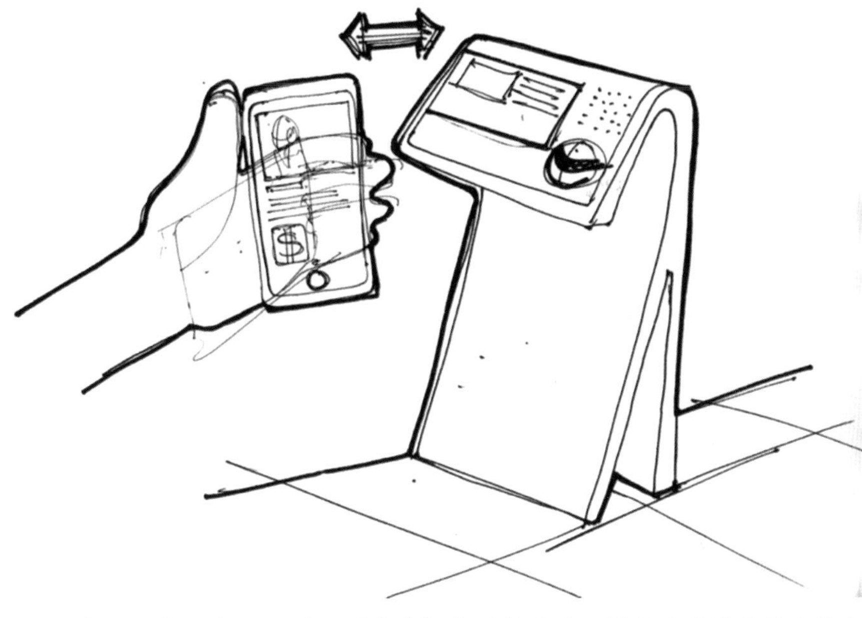

图 16.4
生态概念设计思路，侧重于和手机通信（草图由弗吉尼亚理工大学工业设计系的 Akshay Sharma 提供）

图 16.5 展示了 TKS 系统的生态概念设计思路，侧重于通过通信和社交网络分享自己参加某个活动的信息。

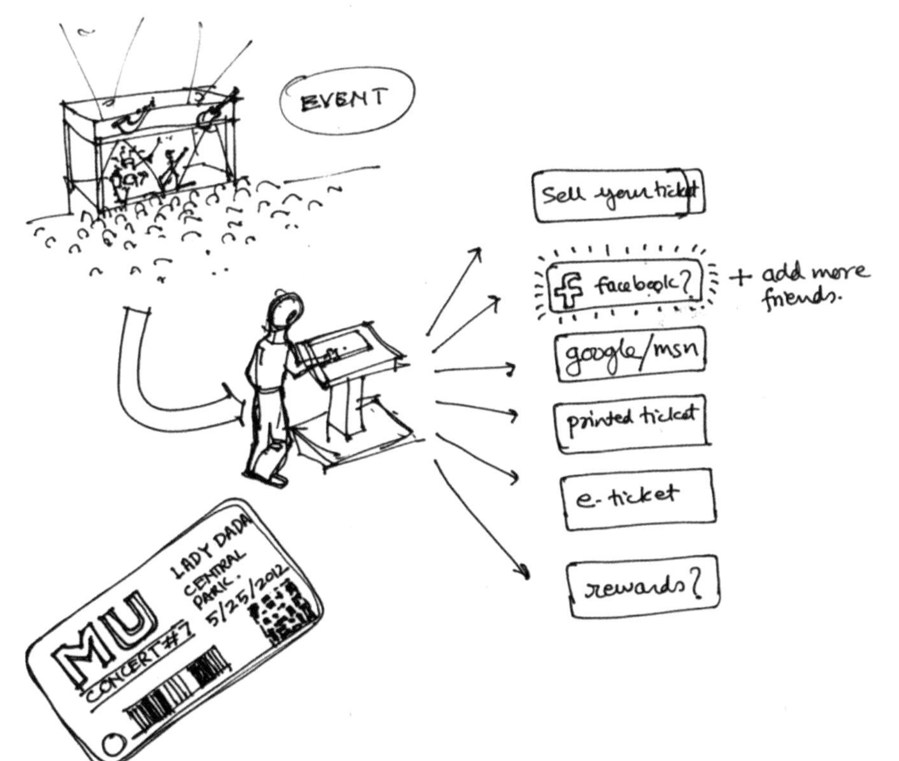

图 16.5
生态概念设计思路，侧重于通信和社交网络（草图由弗吉尼亚理工大学工业设计系的 Akshay Sharma 提供）

练习 16.1：系统的生态概念设计

思考系统和上下文数据，并从生态的视角设想一个概念设计，在其中包括任何隐喻。尝试传达系统在其环境中如何作为黑盒工作的设计师心智模型或设计愿景。

16.4 设计影响用户行为的生态

Beale(2007) 引入了一个有趣的倾斜设计的概念。“倾斜设计是一种扩展以用户为中心的设计的方法，它关注人们应该 (和不应该) 对设计背后的产品做什么。”

设计是设计师和用户之间关于期望和不期望的使用结果 (usage outcome) 的对话。但是，以用户为中心的设计 (例如使用情景调查和分析) 基于的是用户当前的行为，这并不总是最佳的。有时，需要改变甚至控制用户的行为 (第 13 章)。

像这样的一个思路是从生态视角构思一种最适合全体用户和整个企业的设计。这可能会违背个别用户的需求。本质上，它是通过设计来控制用户行为，从个别用户的交互视角削弱可用性。从生态视角看，个别用户很难做出不符合其他用户或企业利益的事情，但仍然允许他们完成必要的基本功能和任务。

一个例子是图书馆中倾斜的阅读桌，仍然能在上面看书，但很难将食物或饮料放在上面；或者更糟，放在文件上。Beale(2007) 还举了机场行李提领处的例子，它同样极其简单和有效。人们站在传送带旁边，许多人甚至推着车。对他们来说，这增加了系统的可用性，因为如果能直接将行李从传送带拖到推车上，使用起来最方便。

但是，拥挤的人群和推车会导致拥堵，从而降低了具有类似需求的其他用户的可访问性和可用性。遗憾的是，那个要求用户除了在取行李时，平时请远离安全带的标志是没有几个人看的。不过，行李传送带的倾斜设计很好地解决了该问题。在本例中，这个设计真的是物理上的“倾斜”；传送带周围的地板会有一个向下的坡度。

该设计会妨碍一直将推车停在传送带旁边，它显著降低了站在传送带附近的人的舒适度，迫使人们平时远离传送带，自己的行李到达后再冲过去拿。这在一定程度上降低了个体的某个方面的可用性，但从生态视角看，它对每个人的整体效果最好。倾斜设计包含一个评估环节，目的是消除事先没有料到和不想要的副作用。

交互视角
interaction perspective

在用户需求金字塔最底部的生态层和最顶部的情感层之间的交互层采取的设计观点。交互视角关于的是用户如何操作系统或产品。它是一个任务和意图 (task and intention) 视图，用户和系统在这里交汇。它是用户查看显示和操作控件，以及采取感官、认知和身体动作的地方 (12.3.1 节)。

普适信息架构
pervasive information architecture

用于组织、存储、检索、显示、操作和共享信息的一种结构，提供跨越广泛生态的各个部分的永远存在的信息可用性 (ever-present information availability)(12.4.4 节和 16.2.3 节)。

16.5　示例：一个智能购物应用的生态

我们以一个扩展的示例结束本章，它以信息架构人员所谓的“普适信息架构”为基础，为一个购物应用程序设计生态。本例改编自 Resmini and Rosati(2011)。这也是基于活动的设计的一个很好的例子。

> **基于活动的交互**
> **activity-based interaction**
> 在一个或多个任务线 (task thread)，即一组 (可能要按顺序) 多个、重叠和相关任务的背景下发生的交互。这种交互通常涉及生态中一个以上的设备 (1.6.2 节和 14.2.6.4 节)。

16.5.1　一些高级问题

客户是谁？看起来像是为购物者 (顾客) 设计。确实如此，但我们的客户是商场管理层。我们旨在帮助客户的顾客 (client' s customers) 获得良好的购物体验。除非商场也参与了生态，否则无法做一个为顾客提供帮助的应用。除非门店的管理层是我们的客户，否则那也不可能发生。在这里，我们假定门店也参与其中。

在商场里找东西很辛苦。即使去同一家大型商场购物数十次，许多购物者仍然觉得他们不知道东西在哪儿，而且很少有足够的工作人员提供帮助。仅仅这一个因素，就造成在大型实体零售店购物的体验令人沮丧和疲惫。

冲动购物的困境。UX 团队提出了一个设计思路，使顾客能在商场里轻松地找到商品，这是一种理应受到所有人欢迎的高效客户购物体验。但你可能知道，典型的商场管理层其实并不想让顾客知道所有东西都在哪里——至少不能马上知道，最好是把商场里的东西看了一个遍之后才知道。所以，许多大型商超实际会设计他们的商品布局来减缓顾客的速度，使他们暴露于冲动购买的“机会”——不停展示他们本来没有计划购买的商品，期待他们突然觉得：“嗯，这个不错，我要买。”

此外，一些商场的布局会定期更改，以抵消购物者对商品位置的了解。现在，即使是有经验的购物者也会被迫浏览商场布局的大部分内容，踏入冲动购物的“陷阱”。

针对商场管理层的这种行为，设计师如何支持用户对效率的需求？回答这个问题需回归基础。在使用研究期间，你必须从商场的视角探索购物活动。

而且，通过使用研究，你的团队可能意识到冲动购物不一定对购物者不利。顾客偶尔可能购买其中一件非常好看、有用甚至有趣的商品——这对顾客和商场都有好处。

所以，你需要一个设计来说服商场管理层简化购物体验，同时仍然保留冲动购物。现在的设计挑战如下。

- 用高效且真正有趣的购物体验来取代通常令人沮丧和疲惫的购物体验。
- 说服商场的管理层，仅此一项就能吸引顾客更频繁地回头来抵消任何失去的冲动性购物。
- 想办法在我们的设计中以其他方式来包含冲动购物。

16.5.2 设计中的关键部分

SmartFridge。我们将为客户设计一种购物体验，从家中的智能冰箱开始，一台了解当前装了什么并了解用户需求和食物偏好的冰箱。例如，它可以判断牛奶供应何时减少并建议将牛奶列入购物清单。生态系统可包括一个智能食品室，会在某种类型的最后一件物品从中移走时发出通知。

移动设备和应用。我们假设用户动手能力不错，能熟练使用SmartFridge，而且几乎总是随身携带智能手机这样的移动设备。作为生态的一部分，我们将设计一款名为SmartShop的智能手机应用程序。

SmartKart。这个项目的很大一部分是设计一个SmartKart(智能推车)，帮助用户在商场里找东西。SmartKart将包含一个带触摸屏的内置移动设备，通过Wi-Fi连接到商场生态。 SmartKart还可用于离线执行普通任务，例如进行价格/单位(例如，每斤价格)比较。

16.5.3 工作方式

购物前(Preshopping)活动。以下这些活动必须在实际购物前进行。

1. 累积一个常规购物清单。
2. 将常规商品与商场中的特定商品相匹配。
   a. SmartShop应用查找候选的匹配商品。
   b. 用户从候选商品清单中选自己最想要的。
3. 生成一个具体的购物清单。
4. 将具体购物清单下载到商场的SmartKart。

累积常规购物清单。该过程的步骤1是随时间的推移而累积一个常规的购物清单，根据需要尽可能多或尽可能少地表达细节和具体规格。常规项目的一个例子是“橙汁”。我们希望方便用户在想到要买的东西时，拿起手机来做第1步，在SmartShop当前的常规清单中输入一个新项(图16.6最左侧)。

将常规商品与商场中的特定商品相匹配。在步骤2中，SmartShop通过以下方式将每个常规项与商场中已知的特定产品匹配 (图 16.6 左下方)：

步骤 2a：SmartShop 使用不精确的数据库匹配来查找常规商品，生成一组候选的具体商品。

步骤 2b：用户从搜索结果中选择自己真正想要的具体商品。

例如，对于“橙汁”这一常规商品，具体产品可能是“UPC code = xxxxx, Green Valley brand, fresh (not from concentrate), one quart, with pulp”(UPC 代码 = xxxxx，Green Valley 品牌，鲜榨 (非浓缩)，一升，带果肉)。

生成具体购物清单。随着每一件具体商品的选择，它在步骤 3 中被添加到应用程序所累积的具体购物清单中。

通过使用研究，我们还了解到用户偶尔会浏览商场的在线广告和电子邮件，以了解特卖、特价、折扣或优惠券信息。查看这些商品时可点击“添加至购物清单”按钮，从而将该商品添加到应用程序维护的具体商品清单。

将具体购物清单下载到商场的 SmartKart。到达商场后，顾客在手机上启动 SmartShop 应用并将手机贴到推车来执行步骤 4。这样就与 SmartKart 内置的移动设备建立了连接，它会自动同步当前的具体购物清单，使这个具体的购物清单在生态中具有“普适性”(pervasive)。

具身交互
embodied interaction
以自然和显著的方式让自己的身体参与到和技术的交互中，例如通过手势 (6.2.6.3 节)。

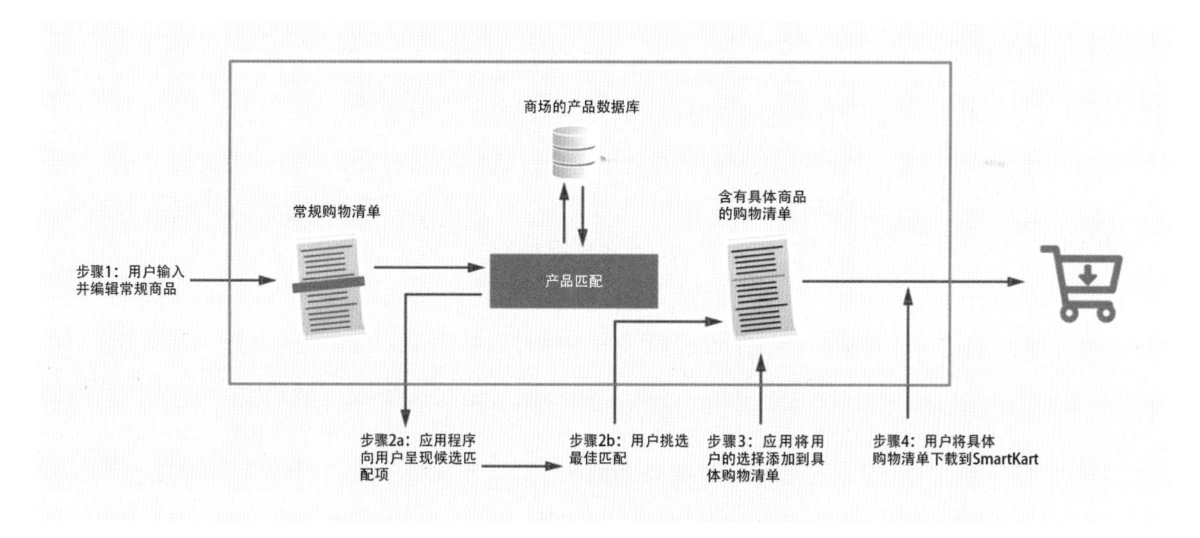

图 16.6
购物前的活动

在商场找东西

如果设计目标是帮助顾客有效地定位商品，那么实现这一目标所需的信息在哪里？

这是具身信息 (embodied information) 的一个典型例子。产品位置信息具身于商场本身和商品本身的物理生态中。每件商品都知道其在哪个过道、区域和货架等。相反，每个货架都知道自己架子上摆放了哪些商品。现有的许多技术都能将这种位置信息采集到数据库中。

货架商品的店内位置感知。SmartKart 浏览 (在通过过道时感知商品) 可能足以帮助用户在商场中找到东西。但是，如果货架本身就是具身的物理设备，它了解自己摆放的商品，那么我们可以做得更好。这或许要用到货架内置的 RFID 传感器和 / 或条码扫描装置。货架对其内容的了解将为我们提供必要的准确产品位置信息——即使在贮货出错的情况下。另外，货架现在必须能 (通过特殊 Wi-Fi) 将它们知道的信息传输给推车和商场数据库系统。

货架在知道自己有什么商品后，一个额外的好处是能持续准确地保持库存信息处于最新状态，这样可避免呆板地按固定周期补货，后者昂贵，不方便，而且是一种劳动密集型的工作。

这个设计对商场的另一个潜在好处在于，正如 Resmini and Rosati(2011, p. 217) 在他们的杂货店例子中说的那样，产品定位系统将解放商场。首先，店内的销售不再需要帮顾客找东西。 另外，如果布局不再受顾客如何找东西的限制，就为创新和截然不同的店面布局打开了大门。

通过这些关键的生态设计创新，推着车穿行于商场的行为几乎可以映射为推着车遍历购物清单上的商品。

推车感知自己在商场中的位置。我们需要的下一个功能很明显：推车必须知道它在商店内的位置。这可以通过货架到推车的无线通信来实现，但或许更灵活的解决方案是推车处理器内置的功能，有点类似本地 GPS 系统和一个商场内部的地图。然而，店内定位系统不会是真正的 GPS，而是通过沿着每个过道串起来的某种定位网络 (可能在天花板上) 来实现。所以，这在商场信息架构中引入了一个关键的新信息对象：每台购物车的当前位置。

购物车查找商品的能力。现在，我们已经有了将购物车位置与购物清单中的商品的位置进行匹配所需的条件。在我们的伪 GPS 应用中，SmartKart 推车上的屏幕显示了商店内部布局的地图，过道被显示为“驾驶”购物车的“道路”。GPS 屏幕显示购物车在商场内的位置，并且知道购物清单上每件商品的“地址”。GPS 会将购物清单上的每件商品视为一个“目的地”，在商店地图上为商品放置“图钉”并对清单进行排序，这样一来，所有过道只需走一遍，即可找到每件商品。

当推车接近购物清单上的商品所在位置时，显示屏会指示去哪里取货。商品放入推车后，它会从购物清单上勾掉，同时通过 UPC 条码获得的价格信息更新推车内当前所有商品的总价。所有这些都是从一台设备到另一台设备的完美跨通道映射 (cross-channel mapping)，将客户需求与商场服务联系起来。

另外，前面说的不是科幻，它在现实中已经发生了。沃尔玛最近 (本书写作时) 推出了一个自助结账机制[①]，允许客户通过以下方式避免排队进行人工结账。

- 购物时扫描商品。
- 通过智能手机应用付款。
- 出门时出示电子收据。

类似地，亚马逊一直在评估一项杂货店技术，系统会在商品放入购物车时记录[②]，购物者完全不需要人工结账。系统会感知客户何时离开商店，汇总账单，并将其记入该客户的亚马逊账户。收银员被数百个跟踪购买的摄像机所取代[③]。

16.5.4　冲动购物

前面说过冲动购买的困境，它增大了购物者在商店里找东西的困难。这里可以头脑风暴一下，是否可以利用 SmartKart 的显示屏在让购物者推着车子从货架经过时了解特价商品？例如，可以在经过时显示促销信息并提醒顾客注意折扣、特价商品、促销活动、额外优惠券和冲动购买机会。

出于同样的原因，SmartKart 显示屏可推荐购买与购物清单中的商品相关的其他商品或配件，并相应地扩展购物清单。例如，假定购物者正在选购吸尘器，就顺便提醒顾客：别忘了多买一些吸尘器袋。这不仅是一个很好的营销思路，还能对购物者起到有益的提醒作用 (前提是不过分或令人生厌)。

顾客会成群结队地回来，因为终于有人干了一些实事使其购物体验变得更轻松和有趣，而不是每次逛商场都有一种令人头疼的、令人厌恶的体验。现在，谁还愿意去没有这项服务的商场？

① https://www.androidpolice.com/2017/01/09/walmart-finally-rolls-scan-go-app-android
② https://www.geekwire.com/2016/amazon-go-works-technology-behind-online-retailers-groundbreaking-new-grocery-store
③ https://www.npr.org/sections/thetwo-way/2018/01/22/579640565/amazons-cashier-less-seattle-grocery-opensto-the-public

练习 16.2：拓展 SmartKart 设计思路

这绝对是一个小组作业。让团队参与构思、草图、评审、设计、原型制作和评估，为 SmartKart 提出更多创意。

第 17 章

为交互而设计

本章重点

- 为交互需求而设计
- 创建交互设计
- 故事板
- 线框
- 自定义样式指南

17.1 导言

当前位置

在每章的开头，都会以“当前位置”(You Are Here) 为题，介绍本章在“UX 轮” (The Wheel) 这个总体 UX 设计生命周期模板背景下的主题 (图 17.1)。本章描述如何为人类需求金字塔的中间层——交互——而设计。

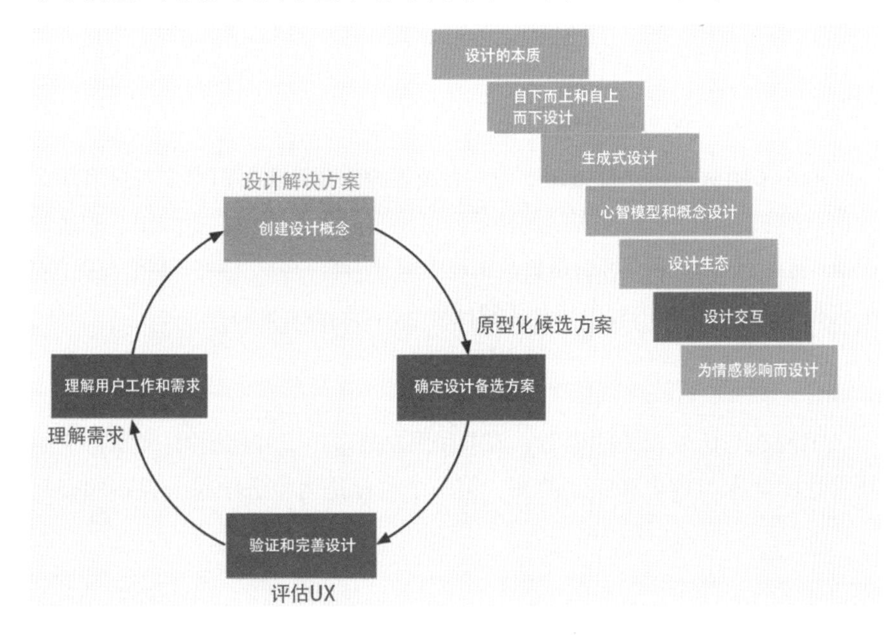

图 17.1
当前位置：在“设计解决方案”生命周期活动中设计交互。整个轮对应的是总体的生命周期过程

12.3 节讲到，交互需求是指使用正在设计的产品或系统在工作领域中执行所需的任务。本章将讨论如何对交互进行设计以满足这些用户需求。

17.2 为交互需求而设计

17.2.1 交互设计关于的是为任务提供支持

生态
ecology
在 UX 设计的背景下，生态是指用户、产品或系统与之交互的整个世界的周边部分，包括网络、其他用户、设备和信息结构 (16.2.1 节)。

从实际的角度说，交互设计关于的是人们如何使用系统或产品在更广泛的工作实践中执行任务，并涵盖用户与生态交互的所有接触点。在这些地方，用户查看显示并操作控件，并执行感官、认知和身体行动。以苹果 iTunes 生态的交互设计为例，其中包括支持用户注册、登录，按艺术家、标题、专辑和评分来浏览歌曲，以及选择、播放、暂停、打分和处理歌曲。

17.2.2 生态中不同的设备类型需要不同的交互设计

不同设备具有不同的外形、使用约定、限制和功能，各自都需要适当的设计来与该设备进行交互。例如，台式机、手机、平板和手表的搜索任务交互设计会有所区别——更小、功能更差的设备提供的选项更少，结果更受限制。即使是同一设备类别 (例如手机)，交互设计也会有所区别，以适应各种目标平台的约定。例如，Android 应用的交互设计就有别于苹果或 Microsoft 平台的交互设计。

17.3 创建交互设计

17.3.1 首先确定所有设备及其在生态中的角色

和 UX 团队一起，首先列举为生态设想的全部设备。每个设备扮演什么角色？例如，取决于工作实践的性质，可将智能手表视为主要的跟踪和通知设备，而桌面 (台式机) 可以是负责生成大部分内容的中心枢纽。其他设备 (如手机和平板) 可兼任内容生成和消费任务 (consumption tasks)。

17.3.2 继续生成式设计

沉浸在与任务相关的模型、需求和用户故事中，并使用第 14 章讨论的技术让团队参与构思和绘制草图。第一个目标是为生态中每个设备的交互概念设计的总体主题或隐喻生成尽可能多的思路(下一节)。然后，切换到交互模式生成思路，并思考每个设备在用户和系统之间的对话方式。想想当用户在生态中切换上下文时，多个设备如何处理一个给定的任务序列。

思路生成并捕获为草图后，团队评审每个思路和概念以进行权衡。

隐喻
metaphor
设计中采用的一种类比，用熟悉的传统知识来交流和解释不熟悉的概念。中心隐喻常常成为产品的主题 (theme)，是概念设计背后的主旨 (motif)(15.3.6 节)。

17.3.3 为交互建立一个好的概念设计

交互的概念设计可基于设计模式(针对常见设计问题的一种可重复的解决方案；作为最佳实践，它促进了共享和重用)或描述交互设计如何在给定设备上工作的隐喻。

一个例子是桌面上的日历应用程序，使用时的外观和行为就像在真实日历上书写一样。一个更现代的例子是在 iPad 上看书的隐喻。用户在显示屏上移动手指以将页面推到一旁时，屏幕将呈现出真正翻页的外观。大多数用户都会觉得很熟悉。

15.3.6 讲过，苹果的 Mac 操作系统通过“时间机器”的隐喻来设计备份功能。该隐喻向普通用户解释了数据备份和恢复的一些技术性和繁琐的活动。

17.3.4 利用交互设计模式

设计模式 (Borchers, 2001; Tidwell, 2011; Welie & Hallvard, 2000) 是针对常见设计问题的一种可重复的解决方案，它作为最佳实践出现，促进共享、重用和一致性。我们在现代 GUI 和移动界面中看到的大多数东西都是通过设计模式构建的，例如，按钮的外观和行为，或者某个搜索功能。

模式库 (Schleifer, 2008) 就像一个加强版的样式指南。和样式指南一样，它们避免你在交互设计更大的范围内，为通用的、重复的局部设计情况而重新设计。它们是一种分享部件级设计经验的方式，这些设计经验已经过评估和改进并且已经奏效。

要综合考虑设计模式、来自工作领域的概念、交互思路以及每个设备的具体工作流程。一些领域和产品已建立了可以接受的模式。例如，假定你要开发一个电子邮件通信系统。如果想利用已知适用于桌面的既定的、标准的交互设计概念，就会选择三向拆分窗格模式，即邮箱列表一个窗格，所选邮箱中的邮件列表第二个窗格，所选的邮件则在第三个窗格中预览。

然而，如果目标是从拥挤的电子邮件系统空间中脱颖而出，你就要打破既定模式，提出更好、更有创意的设计理念。

在交互设计中使用来自目标工作领域的概念或思路的另一个例子是在在线购物网站上使用购物车。该模式是在数字领域进行设计的经典方式。用户购物时，可点击购物车图标来查看购物车中的物品，这和现实世界一样。

17.3.5 建立每个设备的信息架构

上一章谈到要为整个生态建立普适信息架构(提供跨设备和用户的、永远存在的信息可用性)。现在，还需要为每个设备确定信息架构。每个设备有哪些信息可用于交互？信息如何结构化？用户尝试访问该设备不可用的信息会发生什么？在设计中表示该信息的最佳方式是什么？用户可通过哪些方式访问该信息(语音、触摸等)？

示例：TKS 的交互概念设计

人们普遍认为的售票机包括一个基座上的大柜子和一个彩色触摸屏，上面显示了可选的活动。如果给学生团队布置作业，即使其中大多数的是 UX 专业的学生，要求他们在 30 分钟内提出一个售票机的概念设计，十有八九会得到这样的东西。但是，如果教他们用构思和草图来处理它，他们可以想出非常有创意和多种多样的结果。

我们对 TKS 进行构思时，有人提出让它成为一种身临其境(沉浸式)的体验。这引发了更多关于如何使其身临其境的思路和草图，直到我们提出了一个三面板的总体设计，从字面上环绕用户并使其沉浸于其中(图 17.2)。

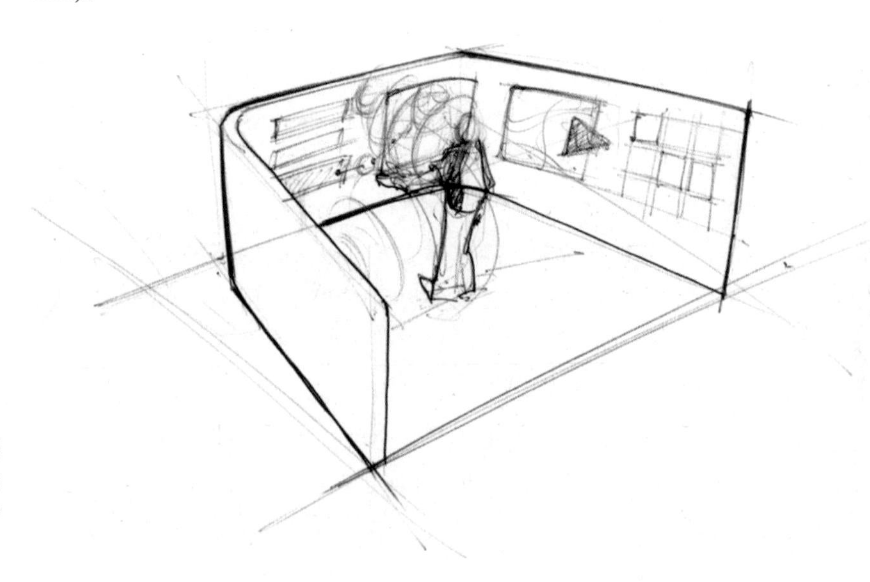

图 17.2
沉浸于情感视角的部分概念设计(草图由弗吉尼亚理工大学工业设计系的 Akshay Sharma 提供)

下面是大纲形式的概念简述。

- 中央屏幕是交互区，在这里发生沉浸和购票行动。
- 左侧屏幕包含可用选项或可能的后续步骤；例如，可能显示完成交易所需的全部步骤的列表，支持用户不按顺序访问这些步骤。
- 右侧屏幕包含上下文支持，例如交互历史和相关操作。例如，可显示迄今为止当前交易的摘要以及其他相关信息(例如评论和评分)。
- 左侧面板中的每个下一步选择都会让用户在中央屏幕处于一种新的沉浸中，之前的沉浸则成为右侧面板上交互历史的一部分。
- 强调隐私并增强沉浸感：购票者走入时，高级材料制成的圆形防护罩轻轻包裹空间。
- 一个“有人”标志在外面亮起。
- 护罩的两个圆角半边的内侧成为左右交互面板。
- 注意：可能需要评估是否会引起“被机器困住”的感觉。

交互视角
interaction perspective
在用户需求金字塔最底部的生态层和最顶部的情感层之间的交互层采取的设计观点。交互视角关于的是用户如何操作系统或产品。它是一个任务和意图(task and intention)视图，用户和系统在这里交汇。它是用户查看显示和操作控件，以及采取感官、认知和身体动作的地方(12.3.1 节)。

图 17.3 展示了售票机交互视角中 TKS 概念设计的一部分。可用的票证类别显示为菜单，这是初始屏幕。用户选择一个类别，会跳转到和该类别对应的屏幕，并在列表中显示一组精选的“特色”活动。在这些选项之间导航和访问此类别所有可用事件的详情将在后续的构思中充实。

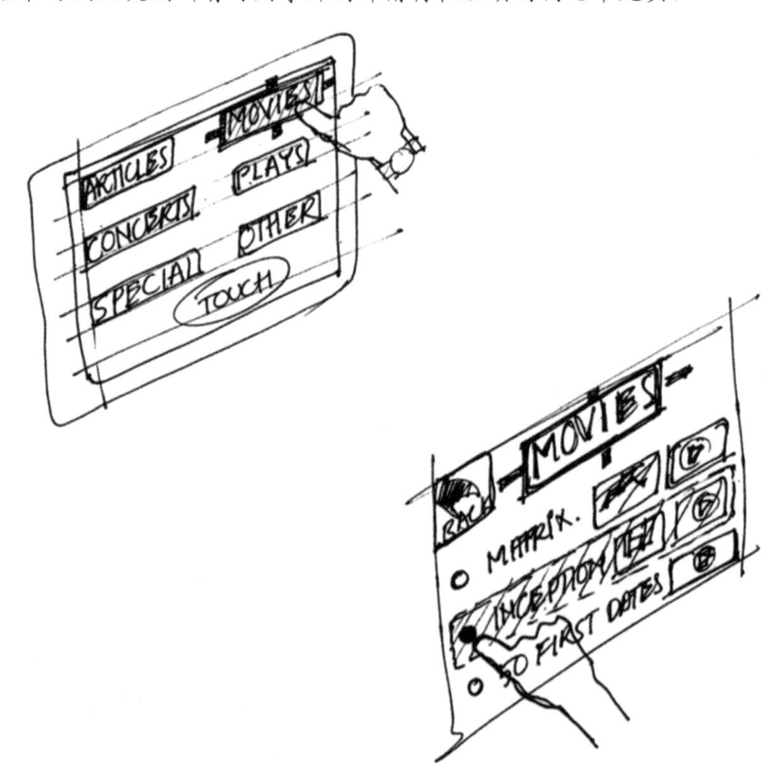

图 17.3
交互视角的部分概念设计
(草图由弗吉尼亚理工大学工业设计系的 Akshay Sharma 提供)

练习 17.1：系统的交互概念设计

思考系统和场景相关数据，从交互角度设想一个概念设计，尝试传达设计师关于用户如何操作系统的心智模型。

17.3.6 设想生态中跨设备的交互流程

即使基于设备类型设计交互，用户也不一定像你想的那样工作。对于用户，工作是在生态中完成的。所以，当用户从一种设备转换到另一种设备时，支持他们的总体目标很重要。例如，用户购买产品的高级目标可能涉及在台式机上访问网站搜索，下单，收到何时可以取货的确认电邮，收到去本地商店取货的短信通知。另外，需要在取货时出示订单确认消息。

对于交互设计师，在为每种单独的设备设计时，牢记购买产品的高级用户目标非常重要。在这个电子商务的例子中，为智能手机设计交互时，可能要加入通过手机定位在检测到用户位于取货商店附近时显示订单确认的功能。这样，当用户在手机上启动应用时，系统预判当前情况，默认显示一个“待收件”列表。

思考和建模此类工作目标的一种方法是使用故事板，我们将在下面展开讨论。

17.4 故事板

17.4.1 什么是故事板

故事板 (storyboard) 是一系列可视的“帧”(frame)，说明了用户和设想的生态或设备之间的相互作用。故事板将设计以图形“剪辑”(clip) 的形式呈现出来，即人们如何使用系统的故事的定格动画。这种叙事性描述 (narrative description) 可以有多种形式和多种详细程度。

用于表示交互序列设计的故事板就像是一系列可视的场景草图，描绘了设想的交互设计解决方案。故事板可被视为场景的“漫画书”风格插图，用角色、屏幕、交互和对话展示了从一帧到另一帧的流程序列。

用户需求金字塔
pyramid of user needs
金字塔形状的一个抽象表示，底层为生态需求，中间层为交互需求，顶层为情感需求 (12.3.1 节)。

17.4.2 故事板可能覆盖金字塔的所有层

虽然故事板主要关于用户如何与设想的系统交互，但也涵盖了其他两层的各个方面。毕竟，交互设计涉及用户与生态和生态设计的所有接触点，而交互是情感需求的主要贡献者。首先创建插图序列，以叙事风格展示用户与系统的交互。

在故事板中包含以下内容。

- 手绘图，附上几句说明。
- 作为任务组成部分的所有工作实践，而不要仅仅描述与系统的交互。例如，包括与系统外的代理或角色的电话交谈。
- 设备和屏幕的草图。
- 与系统内部的任何连接，例如数据库的流入和流出。
- 物理用户操作。
- “思维气泡”中的认知用户行为。
- 系统外的活动，例如与朋友讨论要买什么票。

由于故事板说明了用户如何实现其目标，同时设想了人类用户、生态中不同设备和周围环境之间的高级相互作用，所以特别适合在解决特定问题的一个环境中展现系统的潜力。为此，可能需要借用户之手展示一个设备，并将其使用与上下文联系起来。例如，可展示在机场候机时如何使用手持设备。

故事板还可专注于每个设备的交互设计和显示屏幕、用户操作、过渡和用户反应。还是可以把用户画出来，但现在的上下文变成了用户在操作设备时对 UI 对象的想法、意图和操作。 在这里，你要深入说明具体的任务细节。从 HTI、设计场景和任务序列模型中选择关键任务，在交互视角的故事板中展示。

故事板也可用于设想情感设计方面并说明更深层次的用户体验现象，例如乐趣、喜悦和美感 (下一章的重点)。可以展示体验本身，记住巴克斯顿那个例子中实际骑山地车时那种兴奋劲儿 (参见 1.4.4.3 节)。

示例：TKS 故事板草图

图 17.4 的一系列故事板草图描述了使用售票机系统 (TKS) 时的操作序列，主题是公交车站的售票机如何在用户等公交时与他们进行机会交互。

层次化任务清单
hierarchical task inventory，HTI

任务和子任务关系的一种层次结构表示，用于编目 (cataloguing) 和表示系统设计中必须支持的任务和子任务之间的层次关系 (9.6 节)。

场景
scenario

对特定工作环境 (specific work context) 的一个特定工作情况 (specific work situation) 下执行工作活动的特定人员的描述，以具体的叙事风格讲述，好比它是真实使用事件的一个文字描述 (transcript)。场景是对随时间推移而发生的关键使用情况的一种刻意非正式的 (informal)、开放式的 (open ended) 和碎片式的 (fragmentary) 叙述 (9.7.1 节)。

任务序列模型
task sequence model

对用户如何使用产品或系统执行任务的一个逐步描述，包括任务目标、意图、触发器和用户操作 (9.7 节)。

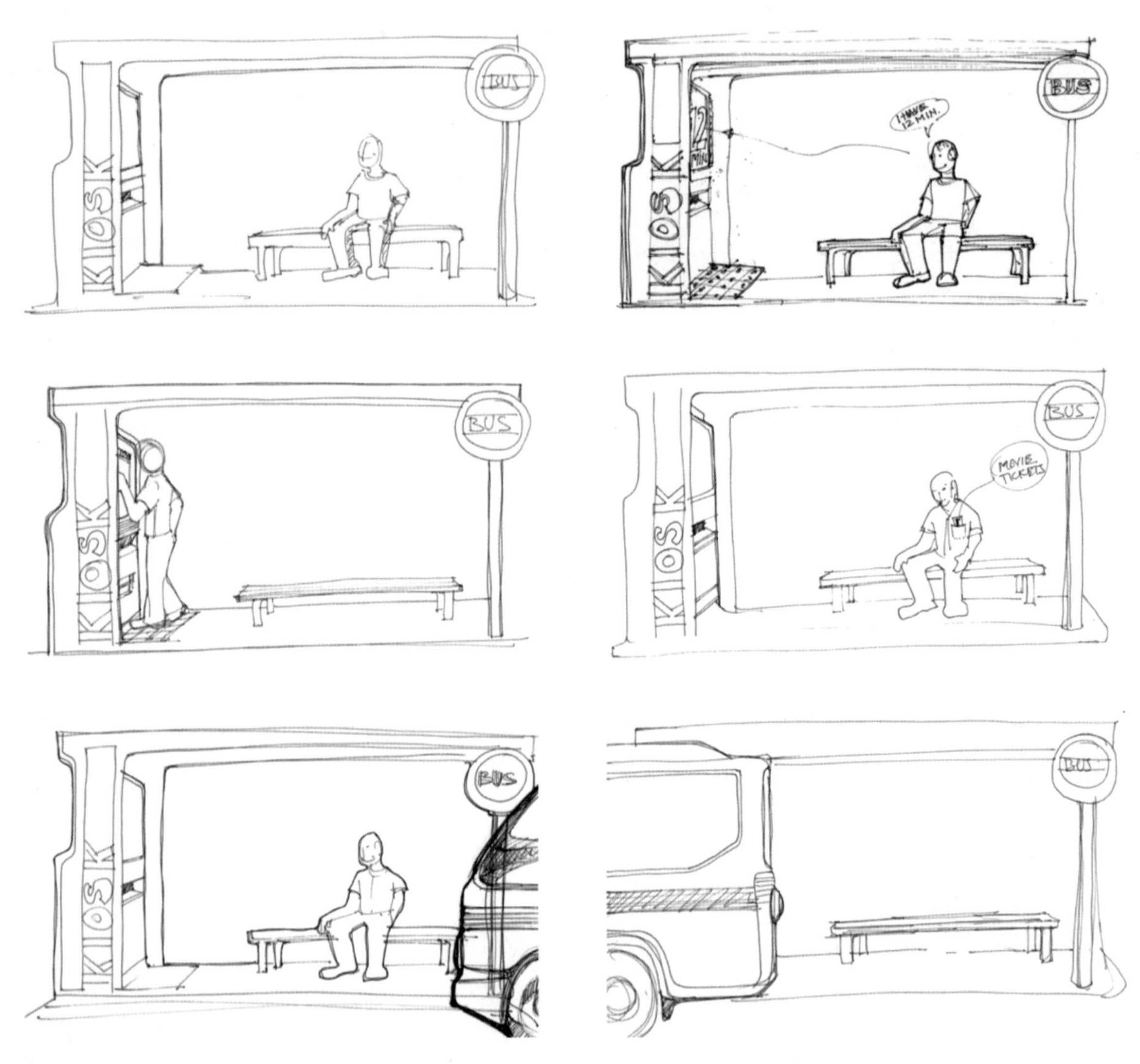

图 17.4
作为故事板的一系列草图
(草图由弗吉尼亚理工大学工业设计系的 Akshay Sharma 提供)

示例：更多 TKS 故事板草图

图 17.5 展示了一个不同的 TKS 故事板的一部分内容。该故事板的主题是在商场环境中的类似交互，售票机引起了和朋友一起购票去参加某个活动的兴趣。

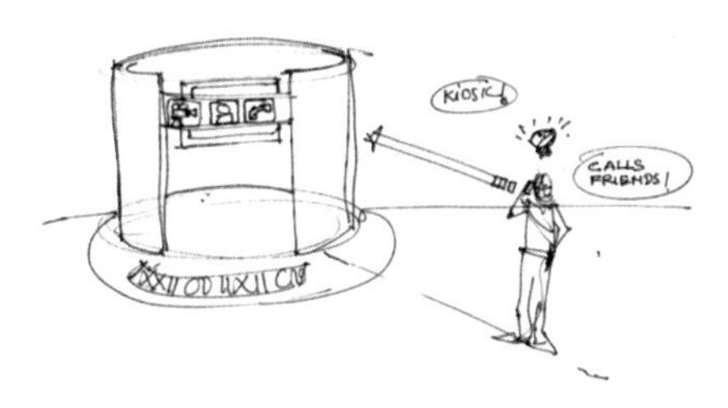

图 17.5
一个不同的 TKS 故事板的一部分（草图由弗吉尼亚理工大学工业设计系的副教授 Akshay Sharma 提供）

示例：侧重于和售票机交互的 TKS 故事板草图

图 17.6 展示了可能适用于以下场景的示例故事板草图。

该场景描述了市民从 TKS 购买音乐会票时的交互序列，它大致对应于图 17.6 的三屏故事板草图。本例很好地说明了我们打算拓展“交互”这一术语的广度，其中包括一个人走到售票机附近、一定距离内的射频识别 (RFID) 以及发出和听到的音频。

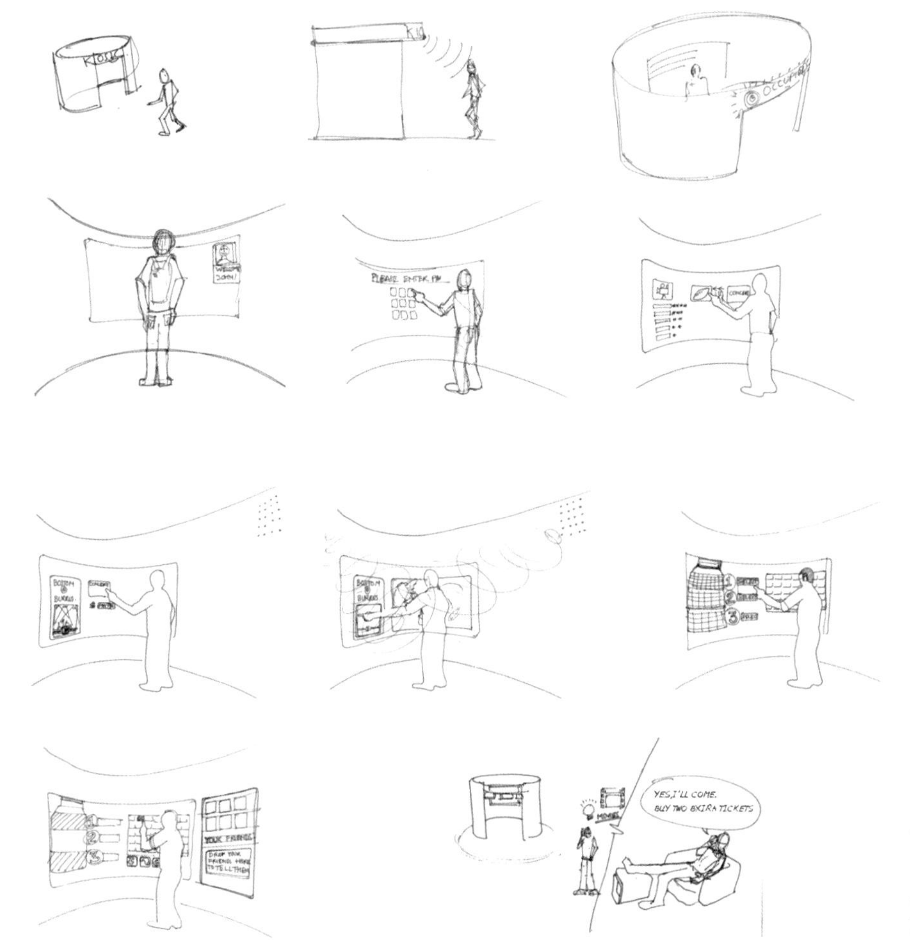

图 17.6
一个音乐会购票故事板的示例草图（草图由弗吉尼亚理工大学工业系的 Akshay Sharma 副教授提供）

- 购票者走向售票机。
- 传感器检测到用户，启动沉浸式协议。
- 激活环绕式护罩上的“有人”标志。
- 检测持有MU护照(MU的学生卡)的人。
- 中央屏幕：欢迎购票者并要求输入PIN。
- 中央屏幕：根据购票者的类别显示推荐和当前最受欢迎的活动。
- 右侧屏幕：如果MU系统存在购票者的资料，显示这些资料。
- 左侧屏幕：列出一系列选项，包括浏览活动、购票和搜索等。
- 中央屏幕：买家从推荐中选择“Boston Symphony at Burruss Hall”(Burruss Hall的波士顿交响乐团)。
- 右侧屏幕：显示“Boston Symphony at Burruss Hall”标题、信息和图片。
- 环绕声：播放该交响乐团的经典音乐。
- 中央屏幕：显示“选择日期和时间”。
- 中央屏幕：买家从日历的月份视图中选择日期(可更改为周视图)。
- 右侧屏幕：目前选择的整个上下文，包括日期。
- 中央屏幕：带有时间的日视图，例如日场或晚场。为当天其余时段展示相关活动，例如品酒或特别晚宴。
- 左侧屏幕：显示预订这些特殊活动的选项。
- 中央屏幕：购票者选择一个时间。
- 中央屏幕：座位表，其中包含不同类别的票的分区/区域名称，以及每个区域当前可选的座位数。
- 左侧屏幕：票和价格类别(等级)。
- 中央屏幕：买家选择类别/区域。
- 右侧屏幕：根据选择的时间和类别/区别更新上下文。
- 中央屏幕：以选定的座位区域为视角让用户沉浸于其中。展开该区域以显示单独的可选座位。显示“点击座位以选择”揭示和一个指定座位数量的选项。
- 左侧屏幕：显示返回查看所有区域或退出的选项。
- 中央屏幕：买家通过触摸来选择一个或多个座位。
- 中央屏幕：显示付款选项和票的虚拟表示。
- 左侧屏幕：显示折扣、优惠券、注册邮件列表等选项。
- 中央屏幕：买家选择付款方式。
- 中央屏幕：显示插入信用卡的提示。
- 中央屏幕：动画显示卡片插入并读取过程。
- 中央屏幕：买家完成付款。

- 左侧屏幕：显示相关活动、欢乐时光和晚餐预订等选项。这些选项与他们刚刚购票的活动相关。
- 中央屏幕：动画提示票和卡各自从哪个槽退出。

17.4.3　帧间过渡效果的重要性

故事板的帧 (frame) 以静态图的形式显示了单独的状态。通过一系列这样的快照，故事板展示了交互随时间的进展。然而，故事板重要的是帧与帧之间的空间，这是进行过渡的地方 (Buxton, 2007b)。这些过渡正是用户体验之所在。所以，帧与帧之间的动作应该是草图的一部分。过渡 (transition) 是设计中的承担特质 (或预设功能，即 cognitive affordance) 证明其值得保留的地方，是用户面临的大多数问题存在的地方，也是设计师面临挑战的地方。

承担特质
cognitive affordance
一种帮助用户进行认知行动 (思考、决定、学习、理解、记忆和认识事物) 的设计特性 (30.2 节)，也称为直观功能、预设用途、可操作暗示、符担性、支应性、示能性等。

我们可画出导致过渡的前提条件以及这些操作的背景、情况或位置，从而极大增加我们的故事板的价值，为设计提供更多信息。其中包括用户当时的想法、言语、手势、反应、表情和交互的其他体验方面。屏幕很难看清吗？用户是否忙于其他事情而没有注意屏幕？一个电话是否会导致不同的交互顺序？

图 17.7 展示了一个带有用户思维气泡的过渡帧，解释了两个相邻状态帧之间的变化。

图 17.7
用带有用户思维气泡的过渡帧解释状态变化 (草图由弗吉尼亚理工大学工业设计系的 Akshay Sharma 提供)

练习 17.2：系统的故事板

目标：练习画故事板。

活动：绘制故事板帧，说明三个视角中每一个的动作叙事序列。

在故事板中包括以下内容。

- 手绘图，附上几句说明。

- 作为任务组成部分的所有工作实践，而不要仅仅描述与系统的交互。例如，包括与系统外的代理或角色的电话交谈。
- 设备和屏幕的草图。
- 与系统内部的任何连接，例如数据库的流入和流出。
- 物理用户操作。
- “思维泡泡”(thought balloon) 中的认知用户行为 (cognitive user action)。
- 系统外的活动，例如与朋友讨论要买什么票。
- 从生态视角说明人类用户、总体系统和周围环境之间的高级相互作用。
- 从交互视角显示屏幕、用户操作、过渡和用户反应。
- 从情感角度使用故事板来说明更深层次的用户体验现象，例如趣味、快乐和美学。

生态视角
ecological perspective
从作为用户需求金字塔基础的生态层出发的一个设计观点，关于的是系统或产品如何在其外部环境中工作、交互和通信。它关于的是用户如何参与并在工作领域的生态中茁壮成长(12.3.1)。

时间表：自行决定完成时间。如来不及从全部三个视角完成练习，请从中选一个，也许是生态视角。

17.5 线框

由于线框 (wireframe)——UX 设计 (尤其是屏幕的交互设计) 的线图表示——是一种原型，所以我们主要在讲原型设计的 20.4 节讨论线框。然而，由于原型在设计中经常都要用到，所以需要先在这里引入线框。

17.5.1 到线框的路径

图 17.8 展示了从构思和草图、任务交互模型和设想的设计场景到线框的路径。我们用线框表示屏幕布局和导航流程的设计。

和构思、草图和评审一起，任务交互模型和设计场景是讲故事和交流设计的主要输入。作为草图的序列，故事板是草图的自然延伸。故事板和场景一样，仅代表选定的任务线。

幸好，从故事板到线框是一个简短而自然的步骤。

可以肯定的是，没有什么比铅笔 / 笔和纸 / 白板更适合在构思阶段 (进行设计创建的头脑风暴，参见第 14 章) 画草图，但在某些时候，当设计概念从构思中出现时，它必须传达给负责其余生命周期过程的其他人。长期以来，人们一直在用线框来记录、交流和原型化交互设计。

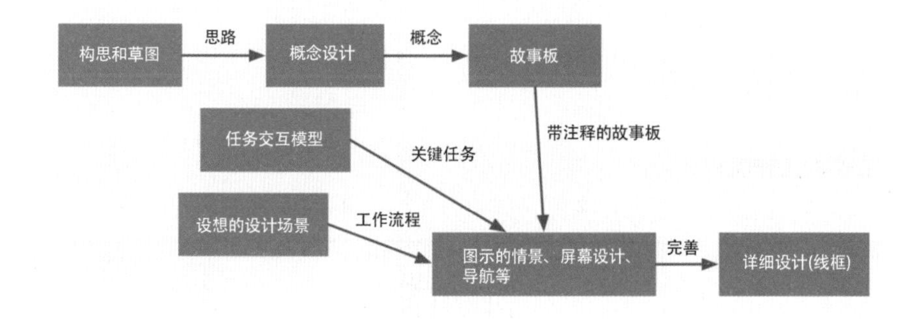

图 17.8
从构思和草图、任务交互模型和设想的设计情景一直到线框的路径

17.5.2　什么是线框

线框由框、线以及其他形状构成 (因此称为“线框”)，用于表示所构思的交互设计。

- 定义网页 / 屏幕内容和导航流程的示意图和“草图”。
- 说明高级概念、粗略的视觉布局和行为。
- 有时用于展现交互设计的外观和感觉。
- 使用期间的屏幕或其他状态过渡效果，以用户操作或 UI 对象的形式说明设想的任务流程

线框的绘制通常很简单，用可以标注、移动和改变大小的方框即可。在这些框中，添加代表设计内容和数据的文本 / 图形。一些常见的 UI 对象可用绘图模板来快速呈现 (后面还会详述)。

在设计的早期阶段，典型的线框是故意未完成的；甚至可能不成比例。其中通常不会包含太多视觉内容，例如图形、颜色或字体选择。这样做的目的是通过绘制框、线和其他形状来快速且廉价地创建设计表示。

示例：国家公园网站

介绍一个国家公园网站的例子。为了说明在交互设计中常见的设计保真度的逐步进展，我们引入了一个新的例子：一个虚拟的国家公园的网站，用户可在其中浏览景点和户外活动，并可预订露营地等公园资源。我们展示了该产品在智能手机和桌面的交互设计示例。

17.6　中级交互设计

随着团队不断完善交互设计，对使用高级故事板探索过的工作流程要进入评审和分析阶段。结果是对候选思路进行必要的调整和削减。然后，

团队提高设计的保真度和充实流程的更多细节，专注于最有前途的思路。

图 17.9 展示了早期的中级设计线框图，它描绘了用智能手机预订露营地的工作流程。

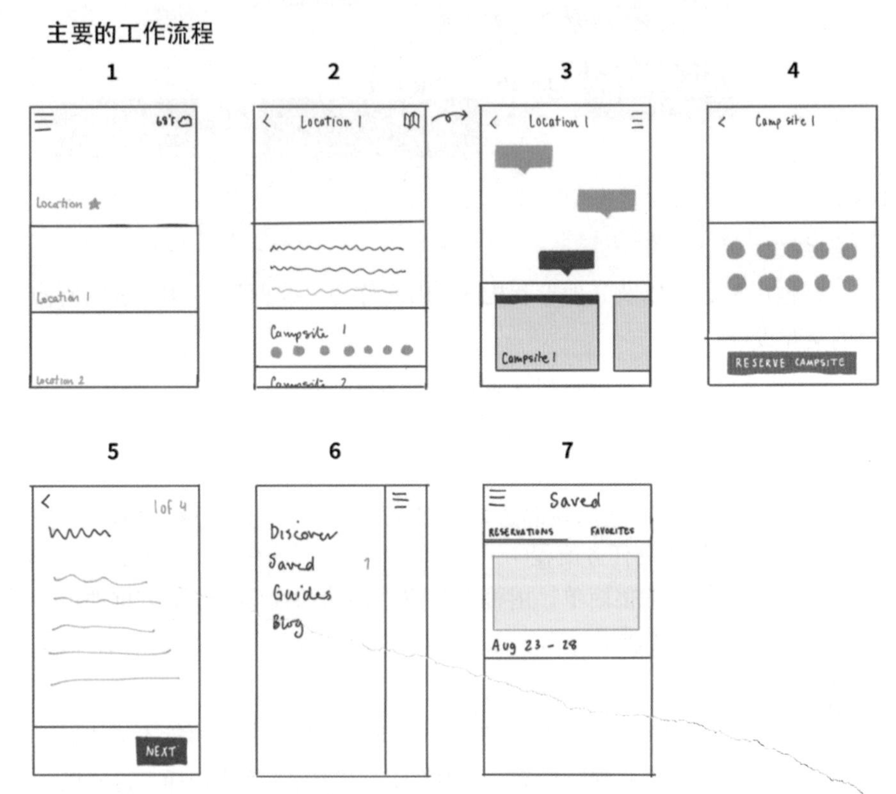

图 17.9
营地探索工作流程的线框图（线框图由 Cloudistics 公司用户体验设计主管 Ame Wongsa 提供）

输入特定公园或露营地的目标日期、露营装备类型（例如房车或帐篷）、人数和所需设施（例如水电）等参数后，会看到图 17.9 的屏幕 1，这是可用营地地点的列表，可上下滚动。选择一个地点会切换到该地点的页面（屏幕 2)，其中包含一张图和一段简短的描述，并列出了该地点符合选择标准的所有可用营地。选择屏幕右上角的地图图标可查看该地点的地图，这会将你带到屏幕 3，它标注了每个可用的营地。

从该页面选择营地，会将用户带到营地页面（屏幕 4)，其中包含这一处营地的图片和描述。 此页面上的“预订营地”(reserve campsite) 选项会将用户带到由多个页面组成的预订表单（屏幕 5)。

屏幕 6 是可从屏幕 1 左上角访问的导航菜单。菜单中列出了该应用程序的不同区域，包括保存收藏的地点。选择“已保存”(Saved) 选项，可向用户列出他们当前的预订以及其他收藏的地点，如屏幕 7 所示。

请注意一个简单的线框序列如何使应用程序的细节成为焦点。即使在设计的这一中间阶段，它也提出了该设计如何为工作实践提供支持的问题。如公园内有多个地点怎么办？用户如何浏览它们？这次讨论发现了一个缺失的功能，即搜索功能，并提出了这样的功能在交互设计中如何体现的问题。

还能看出其他一些问题。例如，如果地图上的营地彼此太近，屏幕 3 中的交互如何进行？用户是否有足够的点击区域来选择其中一个 (尤其是在智能手机上) ？设计如何帮助用户选择营地？用户可根据哪些条件过滤营地列表？在设计中逐个回答这些问题，是通往更高保真度的旅程。

有时会用更详细的线框图进一步探索设计的特定方面。例如在图 17.10 中，我们问自己在探索地图上的营地时要显示什么。屏幕 1 的底部显示了一个小的缩略图 (绿色阴影区域) 和一段简要说明。屏幕 2 显示的是更大的预览图和更详细的说明。屏幕 3 则以圆点而不是标注框的形式探索一个较小的营地地点图钉。

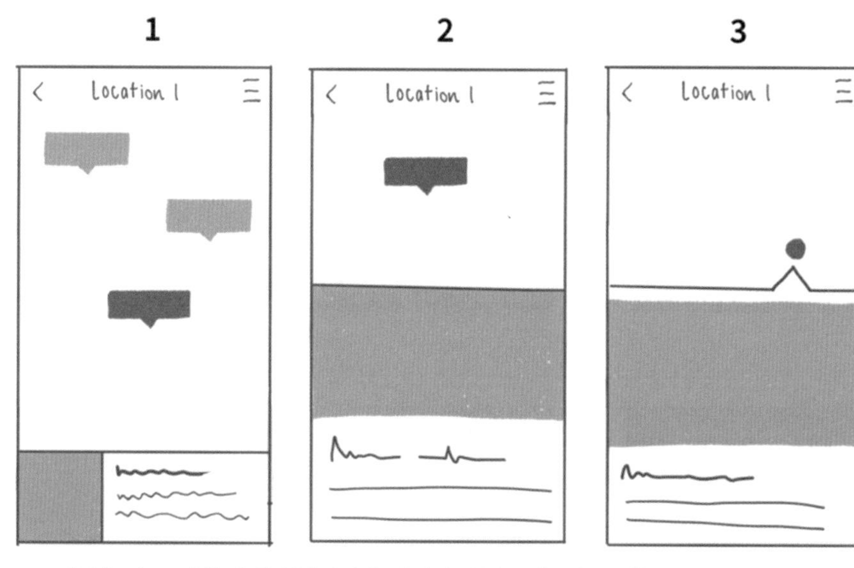

图 17.10
这些线框图展示了在查看营地详情时的不同探索交互模式 (线框图由 Cloudistics 公司用户体验设计主管 Ame Wongsa 提供)

评审时，可从这些线框图中看出新的问题。在屏幕 1 底部营地预览的描述区域能提供多少信息？足以让用户做出决定吗？屏幕 3 是通过将营地标记缩小为图钉以显示更多地图背景，但如果标记太小而无法容纳站点编号呢 (例如，编号可能长达三位数) ？

随着设计团队以迭代的方式回答这些问题，他们慢慢开始为设计填充更多细节。如底层设计概念经得起这些迭代的评审，团队最终会得到该设备最终的候选交互设计。

图17.11展示了在手机上查看露营区域的最终交互设计。从探索屏幕(左上图)中选择一个公园会显示该公园的详情(右上图)，底部显示了该公园的所有露营区域的滑动标签。选择该图右上角的Map(地图)选项会显示地图上的全部露营区域(左下图)。点击地图上的一个露营区域(用图钉表示)，会显示该露营区域的名称和其他关键信息的预览(底部中图)。用户可点击预览查看该露营区域的全部细节(右下图)。

图17.12展示了用手机预订露营区域的一个特定营地的最终交互设计。用户选择日期和人数(上部中图)后将显示该区域的可用营地。确认预订后，用户会看到一个确认页面(右下图)。注意这里未显示付款流程的最终交互设计。

查看露营区域

图17.11
显示了“查看露营区域”工作流程的高保真线框

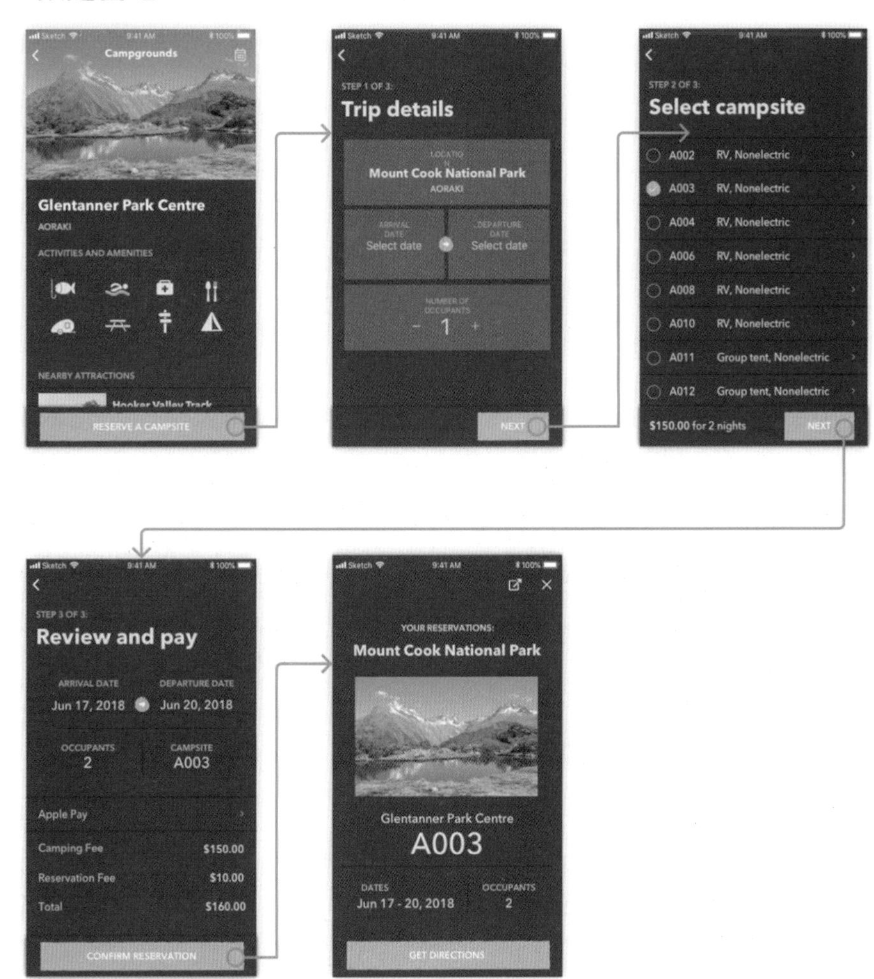

图 17.12
显示了“在露营区域预订营地”工作流程的高保真线框

17.7　交互设计生成

最后，我们要最终的候选交互方案进行原型设计和评估 (本书第 V 部分)。评估中发现的任何问题都会启动另一轮设计修改和原型设计。设计完成后，将在称为“设计生成”(design production) 的阶段进行详细描述。此阶段的目标是足够详细地定义设计，使其成为软件工程师的实现规范。

图 17.13 展示了桌面交互设计的公园页面的详细设计规范。注意底部的标注，它对一些细节进行了定义，例如预览应该是多少行，以及当用户将鼠标悬停在屏幕上的某些元素上时会发生什么。

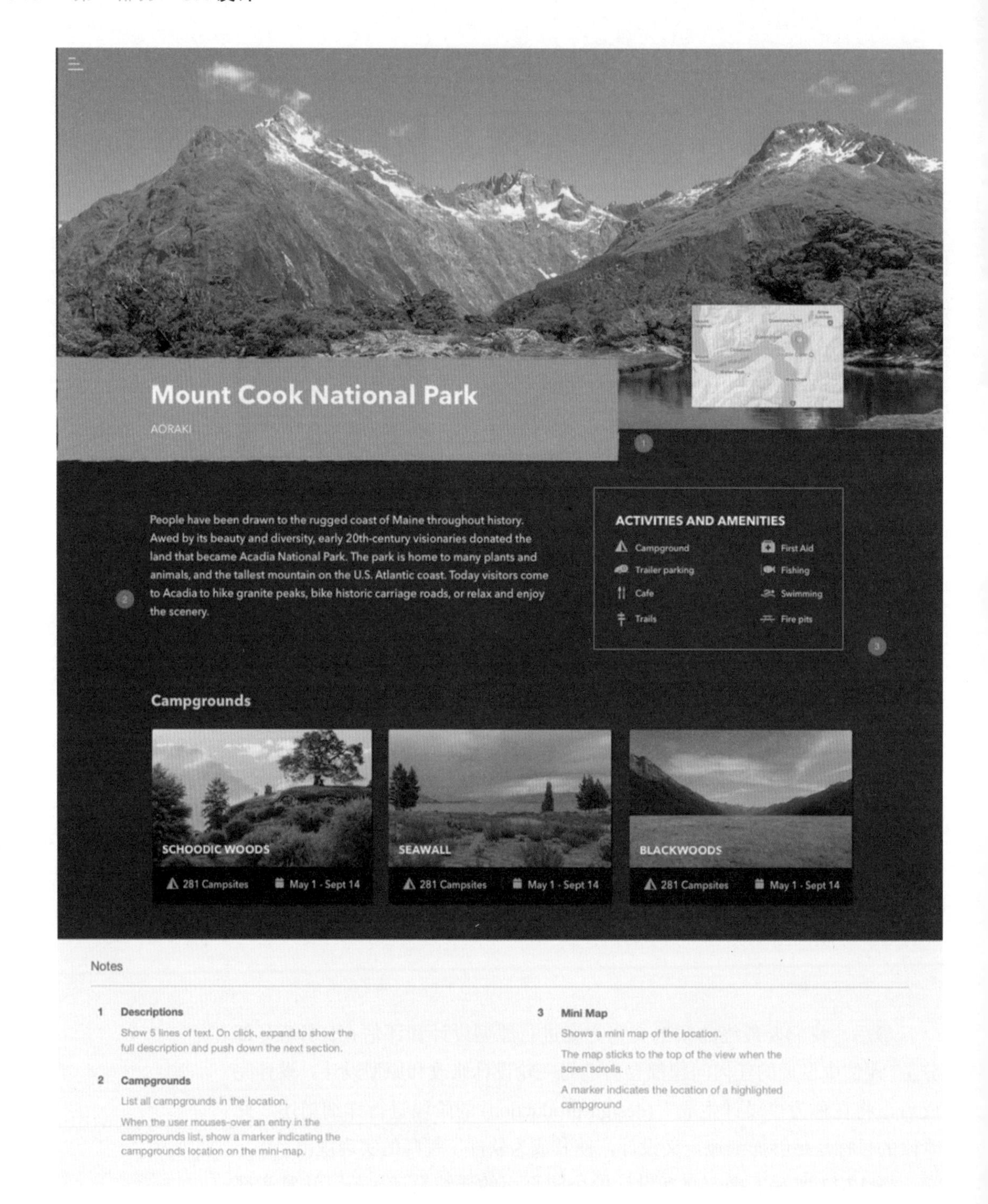

图 17.13
桌面交互设计的公园页面的详细设计规范

练习 17.3：系统的中级和详细设计

目标：练习开发中级和详细设计。

活动：如果是团队协作，请召集你的团队。

- 只为系统选择一个主要工作角色 (例如客户)。
- 仅选择工作角色预期执行的一项关键任务。
- 对于该工作角色和任务，制作一些插图场景来展示一些相关的交互。
- 绘制一些带注释的屏幕布局 (线框) 以支持你的场景，同时画一些导航结构。
- 要有一点深度，但广度不必太大。

提示、注意和假设：

- 不要过多涉及设计细节 (例如，图标的外观或菜单的位置)。
- 减少争论，注重过程！
- 屏幕设计应基于你迄今为止所做的使用研究和设计。

交付物：上述活动自然的工作成果。

时间安排：自行决定完成时间。至少老老实实地做一遍。

17.8　维护自定义样式指南

进入详细交互设计阶段时，必须在各种设备内和设备之间保持设计词汇和样式的一致性。 自定义样式指南 (custom style guide) 是确保这种一致性的方法。

17.8.1　什么是自定义样式指南?

自定义样式指南是由设计师制作和维护的文档，用于捕获和描述视觉和其他一般设计决策的细节，特别是关于屏幕设计、字体选择、图标和颜色使用的细节，可在多个地方应用。 其内容可针对一个特定的项目，也可以是针对一个平台或整个组织的所有项目的总指南。样式指南有助于设计决策的一致性和重用。每个项目都需要一个。

由于项目期间需持续做出设计决策，而且由于有时会改变对设计决策的看法，所以自定义样式指南是一个动态文档，会随着设计不断发展和完善。通常，此文档是项目团队私有的，仅在开发组织内部使用。

17.8.2 为什么要使用自定义样式指南

设计师在项目中使用自定义样式指南的原因如下。

- 它有助于项目控制和沟通。如果没有大量设计决策的文档，项目——尤其是大型项目——就会失控。每个人都在创造和引入自己的设计模式，可能每天都不同。结果几乎不可避免地是糟糕的设计和维护的噩梦。
- 它是实现设计一致性的可靠保障。有效的自定义样式指南有助于减少小部件设计、布局、格式化、颜色选择等细节的变化，在产品中和跨产品线保持细节的一致性。
- 自定义样式指南通过重用深思熟虑的设计模式来提高生产力，能避免重新发明轮子所造成的浪费。

17.8.3 要在自定义样式指南中放入什么

自定义样式指南应涵盖组织最看重一致性的所有类型的UI对象和设计情况(Meads, 2010)。大多数样式指南都详细描述了图形布局和网格的参数，包括UI元素的大小、位置和间距。其中包括小部件(例如，按钮、对话框、菜单、消息窗口、工具栏)的使用、位置和设计。同样重要的还有窗体的布局，包括字段、它们的格式以及它们在窗体上的位置。

样式指南是对字体、配色方案、背景图形和其他常见设计元素进行标准化的合适位置。样式指南的其他元素包括交互过程、交互样式、消息/对话字体、文本风格和基调、标注标准以及术语/消息/标签措辞的词汇控制，并决定如何使用默认值和使用哪些默认值。措辞应非常具体，而且应说明适用条件。

应包含尽可能多的设计草图和屏幕截图，以便通过视觉进行沟通，并加以清晰的解释性文本进行补充。罗列多个好的和坏的设计示例，包括在评估中发现违反了样式指南的UX问题示例。

设计模式
design pattern
针对常见设计问题的一种可重复的解决方案，作为最佳实践出现，促进共享、重用和一致性。

样式指南还适合编录设计模式(Borchers, 2001)，说明用什么“标准”方式来构造和放置菜单、按钮、图标和对话框，并说明按钮等UI对象的配色方案。样式指南最重要的部分之一或许是建立组织的品牌推广规则。

示例：国家公园项目的样式指南

图17.14展示了为国家公园产品创建的一小部分样式指南。左边一列是复选框的各种样式，包括小部件在活动和非活动时处于默认、选定和不

确定状态的颜色及排版规范。底部是带标签的输入框的样式，包括处在焦点 (左)、不处在焦点 (中心) 和输入值有误时 (右) 应如何显示。

完整样式指南将包括设计团队要用到的所有小部件及其状态。

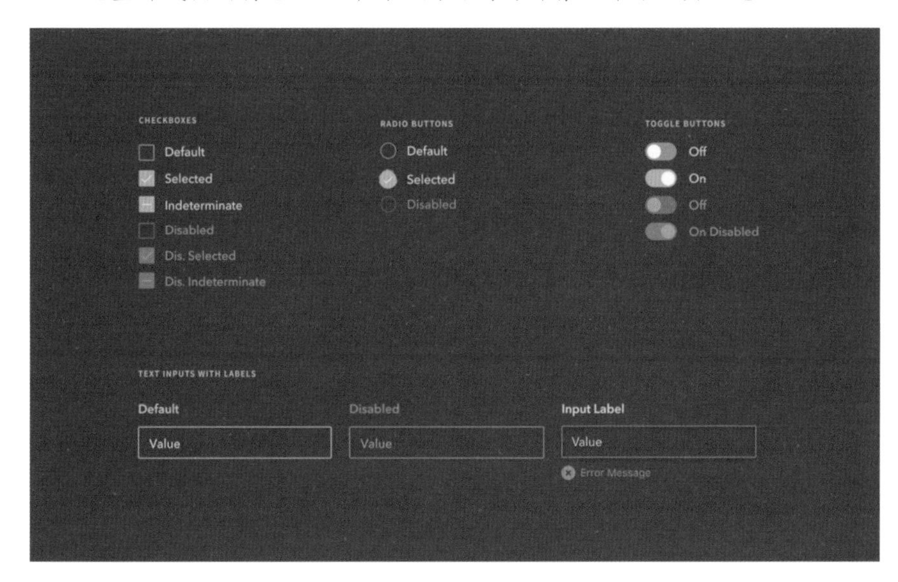

图 17.14
国家公园产品的部分样式指南

第 18 章

为情感影响而设计

本章重点

- 为情感需求而设计
- 创建情感影响设计
- 情绪板

18.1 导言

当前位置

在每章的开头，都会以“当前位置”(You Are Here) 为题，介绍本章在“UX 轮”(The Wheel) 这个总体 UX 设计生命周期模板背景下的主题 (图 18.1)。本章描述如何为人类需求金字塔的顶层——情感影响——而设计。

用户需求金字塔
pyramid of user need
金字塔形状的一个抽象表示，底层为生态需求，中间层为交互需求，顶层为情感需求 (12.3.1 节)。

情感视角
emotional perspective
用户需求金字塔情感层 (顶层) 的设计观点，位于交互层 (中层) 和生态层 (底层) 之上。情感视角侧重于设计的情感影响和价值敏感方面，包括美学和使用的快乐，以及用户在使用产品时如何在情感和文化上得到满足和丰富 (12.3.1 节)。

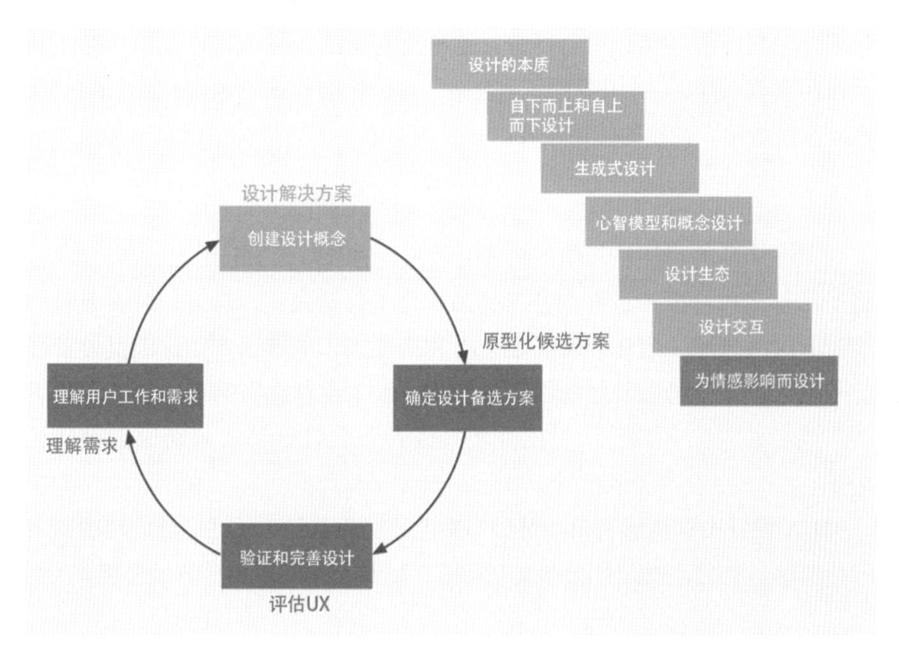

图 18.1
当前位置：在“设计解决方案”生命周期活动中为情感影响而设计。整个轮对应的是总体的生命周期过程

12.3 节讲到情感需求如何占据用户需求金字塔的顶层，它关于的是满足、丰富以及能与产品或系统形成长期情感关系。本章讲述如何为情感影响而设计以满足这些需求。

18.2 为情感需求而设计

情感上的需求也可以通过设计来体现。

18.2.1 为情感需求而设计指的是什么

为情感需求而设计意味着为满足、意义性、美学和快乐而设计。满足情感需求的设计既可爱又永恒，还有可能成为用户生活中有意义的一部分。

1. 用户和系统交互时的感受

人类有各种各样的感觉，这些感觉是由我们看到、听到、触摸到、闻到和尝到的。使用当今的技术设计数字产品时，我们专注于设计用户看到、听到和触摸到的内容来影响他们的感受。

如果设计目标是取悦用户，例如为儿童开发的平板应用，那么使用了大胆色彩的、俏皮可爱的可视调色板，结合正确的动画和屏幕过渡，以及大量使用音频来进行提示，就可以诱发这种情感。另一方面，如果目标是传达稳定性和可靠性，例如开发一个股票交易应用，用色就要慎重，通常只用颜色对不同的信息进行区分，这种更克制的视觉风格可让用户感受到严谨和高效。例如，可用绿色显示金融工具价格的收益，使用红色显示损失。在此类系统中，音频的使用也要以任务为中心，例如传达错误状态和通知。

2. 设计情感影响时，独特性是一个因素

某些产品的目标是制作不同且引人注目的东西来引起用户的情感反应，将产品打造成最酷和最好的艺术作品。例子包括家具、珠宝、时尚服装和建筑。这些领域一直充斥着满足生态和交互需求的普通产品，但世界崇拜的是融入了设计师独特情感视角的作品。谁不喜欢拥有高级定制的名牌服装？或者建筑大师赖特设计的住宅？或者著名设计师埃姆斯原创设计的椅子？

UX 设计中的情感视角。情感 UX 设计视角着眼于关注设计的情感影响和价值感。它关注的是社会和文化影响，以及美学和使用上的愉悦感。

18.2.2 情感影响设计经常被忽视，但可成为市场差异化因素

在产品和系统 (尤其是企业软件) 的日常设计中，业务利益相关方专注于支持需求金字塔的中间层 (交互)，较小程度支持底层 (生态)。顶层 (情感) 通常被忽视。设计简报中甚至可能没有强制要求针对情感需求进行设计，但它可能最终成为赋予市场领导者潜力的差异化因素。

满足情感需求的产品或系统可将“不错”的产品与“伟大”的产品区分开来。

18.3 创建情感影响设计

在我们讨论的三种类型中，情感影响设计可能最难作为一个过程来操作和外化。与生态或交互设计不同，没有直接告知情感影响属性的直接工作活动模型。这些必须从用户和使用研究数据中仔细收集和培养。

此外，情感反应目标各不相同——例如，在消费产品中，喜悦和快乐等反应很重要，而在机构或企业产品中，目标更倾向于减少重复性任务的无聊，并在任务执行过程中产生满足感。

18.3.1 从情感影响的输入开始

图 18.2 展示了在为情感影响而设计时需考虑的一些常见因素。

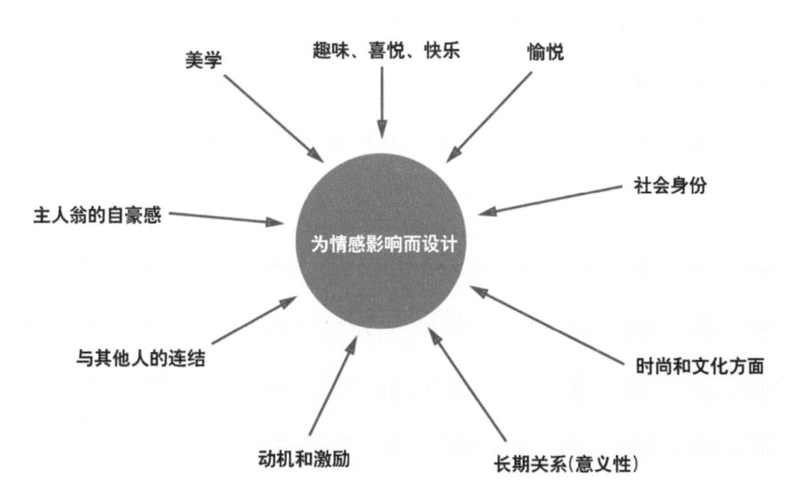

图 18.2
情感影响和意义输入

图 18.2 的模型旨在开始识别和组织各种用户需求。所以，我们需要在情感影响指示的子区域中表达用户需求。在这个模型中，对于进入中心的每条“射线”，我们都确定用户对该产品有什么需求。例如，对于时尚因素，

该产品对用户来说重要的是什么？需要前卫？复古？现代？一旦确定了这一点，设计师在构思、草图和评审时就会心中有数。

18.3.2　情感方面的概念设计

情感方面的概念设计通常更抽象且难以表达。它们涵盖品牌、视觉 / 图形设计、声音、动作甚至所用语言的基调 (tone) 的概念。它是以一个思路 (idea) 或一个因素 (factor) 为中心的抽象主题。

以迷你库珀 (Mini Cooper) 汽车为例。小巧、四四方方的外观最终显得朴素而实用。看起来很简单的设计却其成为该系列的显著特征。汽车独特的外观和内部设计为用户带来了乐趣和兴奋。设计师使用受飞机驾驶舱启发的控件和拨动开关。中控的位置和形状也遵循这一理念。结果是一个有趣和冒险的主题，这与他们著名的“和开卡丁车一样”一致。如果你去问任何一个开迷你库珀的司机他们的车对他们意味着什么，他们极有可能会用这些术语来描述它。

隐喻
metaphor
设计中采用的一种类比，用熟悉的传统知识来交流和解释不熟悉的概念。中心隐喻常常成为产品的主题 (theme)，是概念设计背后的主旨 (motif)(15.3.6 节)。

隐喻可用于阐明情感概念设计。在 Backpacker 杂志的广告中我们发现了一个例子，它将 Garmin 手持式 GPS 宣传为远足伴侣。在将自我认同的人类价值与定向运动联系起来的措辞中，Garmin 使用了伴侣 (companionship) 的隐喻：“找到自己，然后回来 (Find yourself, then get back)。”它突出了舒适、温馨、熟悉和陪伴等情感品质：“就像一双旧靴子和您最喜欢的羊毛衫，GPSMAP 62ST 是理想的徒步旅行伴侣。”

情绪板：为情感方面创建概念设计

通过构思来提出你认为适合所设计产品的各种主题和隐喻。对于每个主题，都创建一个“情绪”板——对该主题各个方面进行展示或说明的工件和图像拼贴画。为设计所考虑的每个情感影响主题都创建一个情绪板。情绪板可以包括形状草图、色样、图片、声音、字体或任何其他工件。具体如何构建没有固定的规则；目标是将各种元素结合到一起，让人感受到你打算传达的抽象思路。

示例：国家公园网站的情绪板

图 18.3 是基于“生机勃勃的自然”主题的一个情绪板的例子。该情绪板是为 17.5.2 节介绍的国家公园产品构建的，是设计团队为这个练习探索的众多主题之一。该情绪板描绘的各种图片和景点展示了大自然的活力和能量，使其对潜在的游客和露营者具有很大的吸引力。

图 18.3
“生机勃勃的自然”主题情绪板，用作某国家公园网站的视觉设计概念（情绪板由 Cloudistics 公司的 UX 设计师 Christina Janczak 提供）

18.3.3　情感影响的中级设计

概念设计被采用后，通过更详细的情绪板、构思和草图来详细阐述概念每一种渠道（例如，视觉、听觉、触觉），从而进一步开发它。

1. 定义视觉语言和词汇

视觉设计可能是实践中最常用的情感影响渠道。为此，我们建模和表示情绪板，让人们体会系统所采用的视觉语言风格。

我们以前的一个任务是为移动应用设计一种大胆而充满活力的情感反应。我们考虑的主题之一是纽约市。为此，我们创建了一个视觉情绪板，其中包含纽约市标志性主题的图片：黄色出租车、地铁标志、摩天大楼和移动(通过街道和时代广场上的人的模糊照片捕捉)。后来，利用城市地铁标牌上的字体，我们为这个设计发展了视觉方面的特色，例如排版。

生态
ecology
在 UX 设计的背景下，生态是指用户、产品或系统与之交互的整个世界的周边，包括网络、其他用户、设备和信息架构(16.2.1 节)。

针对正在设计的系统为你认为适合的每个主题一一创建一个情绪板，从而开始定义整体视觉主题。确保它包括排版和图标方案。

排版样式包括字体，它们在生态中的不同设备上如何以及是否会有所不同以及各种样式(例如标题、正文、标注框和按钮标签)的外观。如果团队中有成员具有强大的平面设计背景，他 / 她将成为你的宝贵资产。

确定设计中要以图标或其他图像表达的所有思路，并定义图标风格。如果可行，创建关键屏幕的示例视图，以了解视觉风格对情感设计总体概念的贡献。

示例：美国国家公园网站的配色方案

图 18.4 展示了如何从图 18.3 的情绪板导出配色方案。设计师挑选了情绪板的关键图像，并提取了叶子的绿色、完整花瓣的白色、花心的黄色和水的暗影等各个方面，从而得出一个主要调色板(左上角)。

另一组颜色是从情绪板的其他图像中挑选出来的，以创建辅助(扩展)调色板(中部左侧)。设计师还从情绪板的其他区域衍生出纹理(中部右侧)，这些纹理将在设计中用于唤起宁静自然的主题。

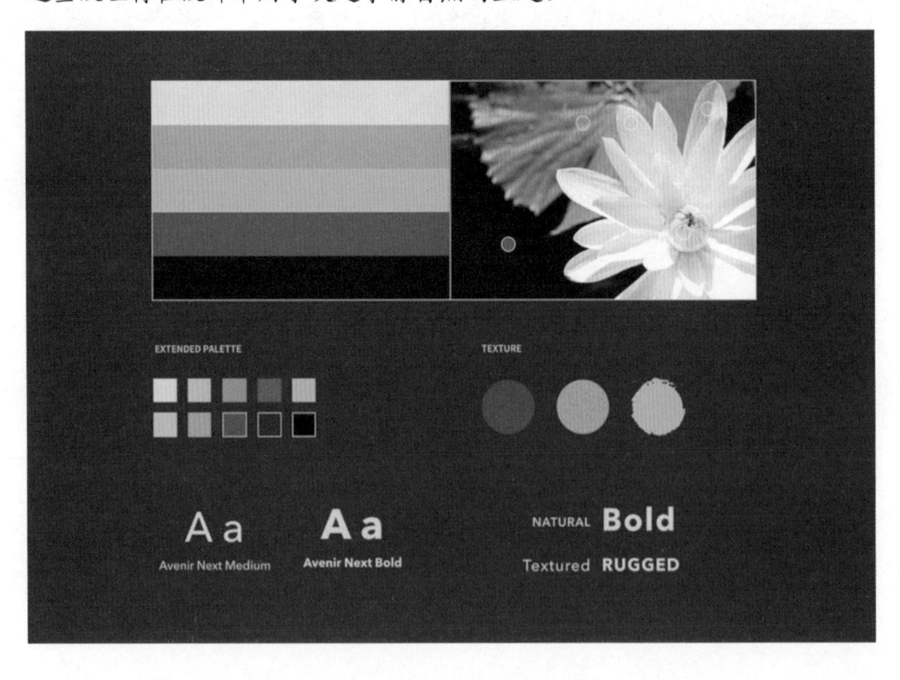

图 18.4
从“生机勃勃的自然”情绪板制定调色板、排版和视觉语言(由 Cloudistics 公司的 UX 设计师 Christina Janczak 提供)

示例：国家公园网站的图标方案

图 18.5 展示了设计师在下一步创建的图标。

对这些设计进行评审时，纹理问题被提出来了，想通过它“使视觉语言更亲近自然”。结果就是如图 18.6 所示的图标。

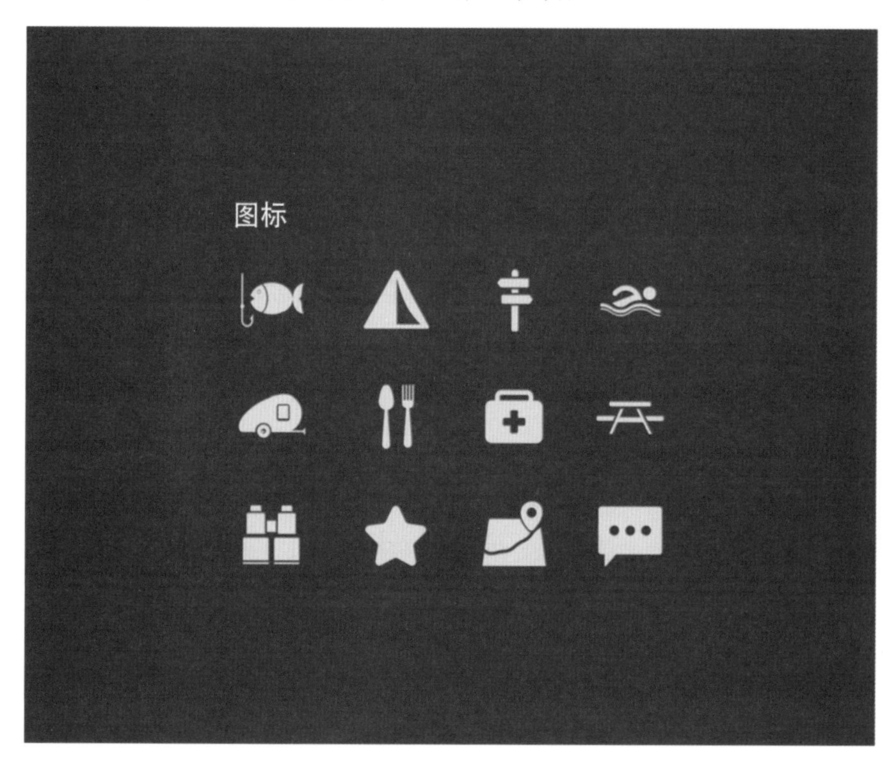

图 18.5
美国国家公园产品的图标设计，使用来自“宁静自然”情绪板的视觉主题（由 Cloudistics 公司的 UX 设计师 Christina Janczak 提供）

图 18.6
为图标应用纹理以使其看起来更亲近自然（由 Cloudistics 公司的 UX 设计师 Christina Janczak 提供）

2. 为每个设计定义交互的运动样式和物理

为生态中的每个设备定义要使用的动画和其他过渡的样式和物理。其中包括使用动画、滚动和屏幕过渡的思路，以及对运动或动态如何发生的描述。团队中拥有具有运动设计背景的人会有所帮助。他们勾勒出这些运动的思路，以描述加速度、时序等。

17.3.3节讨论了在iPad iBooks应用中使用动画模拟物理翻页。你的应用可以在哪些地方使用动画？例如，找那些系统需要执行长时间操作的地方，此时加载一些动画可能有帮助。

思考交互的物理是怎样的(15.3.6节)。如果有两个内容窗格，哪个主要，哪个次要？

哪个窗格会滑过另一个？从左边滑入还是从右边？哪个更符合应用程序小部件的排列方式？

3. 定义设计所用语言的基调

样式指南
style guide

由设计师制作和维护的文档，用于捕获和描述视觉和其他一般设计决策的细节，特别是关于屏幕设计、字体选择、图标和颜色使用的细节，可在多个地方应用。样式指南有助于设计决策的一致性和重用(17.8.1节)。

设计师对情感进行影响的另一个途径是语言的基调(tone)和风格(style)。在某些领域，如儿童学习、成人游戏和娱乐，经常使用幽默和拟人化来渲染一种个性。这是通过在情绪板上使用想要实现的基调/语气的声音样本和文本描述来捕获的。

对于总体生态，与用户的所有对话(UI、视频和音频交互)使用的语言基调是什么？是对话式和非正式的，还是简洁而正式的？它会使用幽默吗？它会具有某种“个性”还是中立？

不断更新产品样式指南中的语言和基调。列出要避免使用的单词、短语和主题。要使用的则给出例子。

4. 定义要在设计中使用的音频特征

对于声音的设计，思考可用声音来增强哪些操作。售票机封闭的用户空间非常适合柔和的环绕声，这将大大增加沉浸感。交互过程中向用户提供反馈的机会有哪些？声音的总体主题是什么？令人振奋和好玩？还是清醒而严肃？

首先确定主题，并用音乐样本将对应于不同任务类别的声音组合在一起。例如，警报会有一种基调，而对行动的积极反馈则会有另一种基调。对于国家公园应用，自然情绪板可以包含各种自然声音，然后可利用这些声音为设计导出音频词汇。

5. 在设计中利用社会和心理因素

从使用研究阶段到评估活动，设计师应在自己的设计中寻找机会来利用社会和心理因素。 例如，如果设计的是一个健身应用，可将工作领域的某些方面 (例如动机和反馈) 结构化，显示他们每天走的步数并与朋友和家人进行比较，从而帮助用户在情感上取得成功。

18.3.4　情感影响设计生成

对情感影响的最终候选设计进行评估 (本书第 V 部分)。评估中确定的任何思路都会启动另一轮完善和修改。设计完成后，将在称为“设计生成”的阶段进行详细描述。此阶段的目标是足够详细地定义设计，使其成为软件工程师的实现规范。

图 18.7 展示了国家公园应用的详细视觉设计规范 (仅部分)。设计中用到的所有视觉元素都详细描述了诸如填充、大小和确切颜色规格等细节。

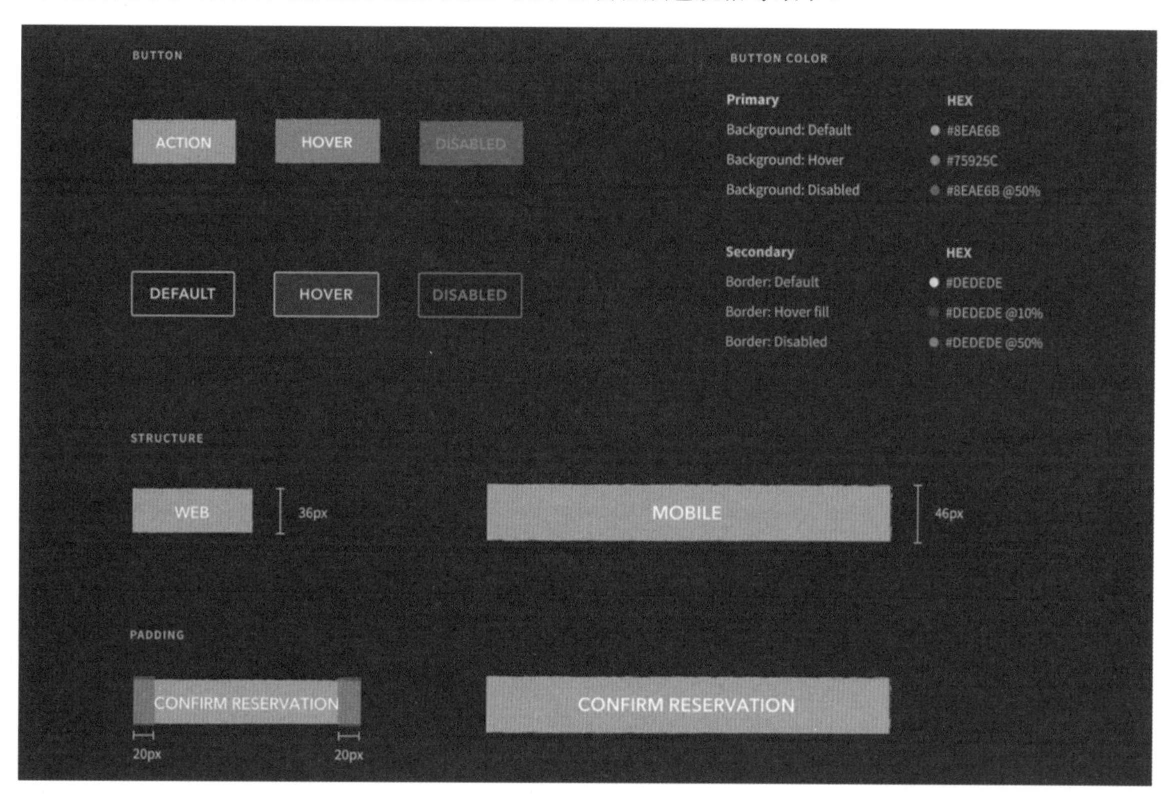

图 18.7
国家公园应用的部分详细视觉设计规范 (由 Cloudistics 公司的 UX 设计师 Christina Janczak 提供)

练习 18.1：系统的情感反应的概念设计

思考系统和场景相关数据，从情感视角设想一个概念设计。尝试传达设计元素如何在用户中唤起情感影响的愿景。

第 19 章

背景：设计

本章重点

- 心智模型如何用于娱乐的一个例子
- 具身、普适、嵌入、环境和情境交互
  - 参与式设计

19.1 本章涉及参考资料

本章包含与第Ⅲ部分其他各章相关的参考材料。不必通读，但每一节的主题一旦有被其他章提到就都应该读一下。

19.2 参与式设计

19.2.1 概述

虽然第 14 章在讲生成式设计的创建时并没有将参与式设计 (participatory design) 描述为一种特定的技术，但我们要全心全意支持用户和客户参与整个设计过程，从构思和草图到完善。 由于参与式设计的特定技术是 HCI 历史和文献的重要组成部分，所以这里要稍微说一下。

在设计项目的最初阶段，通常一方面是用户和客户，另一方面是系统设计师。参与式设计是一个将用户和客户的工作实践知识与 UX 和软件工程 (SE) 团队之过程、技术和设计技能相结合的方式。

参与式设计会话通常从相互学习 (reciprocal learning) 开始，让用户和设计师从中了解彼此的角色；设计师了解工作实践，用户了解技术限制 (Carmel, Whitaker, and George, 1993)。会话本身是一个民主的过程。级别或职位没有影响；任何人都能提出新的设计思路或更改现有功能。只允许有积极和支持的态度。没人可以批评或攻击他人或其想法。这可以营造出一

参与式设计
participatory design
UX 设计的民主过程，所有利益相关方(例如，员工、合作伙伴、客户、市民、用户)都积极参与进来，帮助确保结果满足其需要且可用。它基于这样的论点：用户应参与他们将要使用的设计，所有利益相关方——包括(而且尤其是)用户——都向 UX 设计提供平等的输入(11.3.4 节)。

种自由的氛围，可以自由表达最不着边的思路；这其实就是创造力规则。

根据经验，我们发现参与式设计对于特定类型的交互情况非常有效。例如，通过这种方法(尤其是与设计场景结合)，可以勾勒出 TKS 交互的前几级屏幕。这些初始的屏幕(统称第一屏)对用户体验非常关键。用户通过它们形成第一印象，我们最不能承受用户迷路和转身走开的后果。但是，根据我们的经验，该技术有时无法很好地扩展以完成大型和复杂系统的设计。

下一节讲述了参与式设计的历史和起源。再下一节则会讲述一个名为 PICTIVE 的示例参与式设计方法。

19.2.2 参与式设计的历史和起源

参与式设计要求用户参与工作实践的设计。参与式设计是为涉及人类工作的系统(社会和技术方面)进行设计时的一种民主过程，它基于以下论点：用户应参与他们将要使用的设计，所有利益相关方——包括(而且尤其是用户)——对交互设计有平等的输入(Muller & Kuhn, 1993)。

和情境研究的历史一样，用户参与系统设计的想法至少可以追溯到一种称为工作活动理论的研究(Bødker, 1991；Ehn, 1990)。它起源于俄罗斯和德国，20 世纪 80 年代的时候在斯堪的纳维亚盛行，与职场民主运动密切相关。这些早期版本的参与式设计要求围绕员工的完整环境来设计，同时支持他们“共同决定信息系统及其工作场所的开发”(Clement & Besselaar, 1993).

20 世纪 80 年代及更早的时期，最著名的参与式设计项目可能是名为 UTOPIA 的斯堪的纳维亚项目(Bødker, Ehn, Kammersgaard, Kyng, & Sundblad, 1987)。UTOPIA 项目的一个主要目标是使员工有机会影响工作场所技术和组织工作实践。UTOPIA 是最早计划最终推出商业产品的此类项目之一。

参与式设计已经以不同的参与规则以多种不同的形式进行了实践。在一些项目中，参与式设计将用户的权力限制为只为专业设计师创建可供考虑的输入，这种方法被 Mumford(1981) 称为“咨询式设计”(consultative design)。其他方法则赋予用户充分的权力来分担最终结果的责任，Mumford 称之为“共识设计”(consensus design)。

同样从 20 世纪 70 和 80 年代开始，IBM 在美国和加拿大(1991 年 8 月)推出了一种称为“联合应用设计”(Joint Application Design) 的用户参与设计的方法(但可能独立于斯堪的纳维亚的参与式设计历史)。联合应用设计介于代表性设计类别中的咨询设计和共识设计之间 (Mumford, 1981)。这是一种行业常用的方法，用户代表通常在项目期间成为设计团队的正式成员。和参与式设计相比，联合应用设计通常更多地涉及团体动力、头脑风暴和有组织的小组会议。

20 世纪 90 年代初，斯堪的纳维亚民主设计方法以参与式设计的形式在 HCI 社区进行了调整和扩展。Muller(1991) 的参与式设计愿景体现在他的 PICTIVE 方法中，是对 HCI 的常规概念的最著名的改编。第一届参与式设计会议于 1990 年召开，此后每两年举办一次。参与式设计已针对实践进行了理顺 (Greenbaum & Kyng, 1991)，进行了审查 (Clement & Besselaar, 1993)，并进行了总结 (Muller, 2003)。

19.2.3　PICTIVE：一种示例参与式设计方法

受到名为 UTOPIA(Bødker et al., 1987) 的斯堪的纳维亚项目的模型方法的启发 (该项目为员工提供了向工作场所技术和组织工作实践进行输入的机会)，PICTIVE(Muller, 1991; Muller, Wildman, & White, 1993b) 是参与式设计如何在 HCI 中运作的一个例子。PICTIVE 支持在一个大桌子上使用纸和铅笔以及其他“低技术”材料并结合视频录制进行快速的团队原型设计。

目标是让团队共同努力寻找支持工作实践的技术设计解决方案，有时还需要重新设计过程中的工作实践。视频记录用于记录和交流设计过程，并记录用于总结设计的演练。

PICTIVE 与大多数参与式设计方法一样，是一种使用低技术工具的动手设计 (hands-on design-by-doing) 技术。用到的工具包括用于制作纸质原型的那些：黑板、大张的纸、公告板、图钉、便利贴、彩色记号笔、索引卡、剪刀和胶带。PICTIVE 故意使用这些低技术 (非计算机、非软件) 的东西来平衡用户和技术设计团队成员之间的竞争环境。否则，即使采用最原始的编程工具来即时构建原型，也会将用户视为局外人，将设计从业者视为所有用户想法必须通过的中间人。这就不再是一个协作式的讲故事活动了。

相互介绍彼此的背景和观点之后，小组通常会讨论手头的任务和设计目标，以达成一致的设计目标。然后他们聚集在一张桌子周围，桌子上有一张大纸表示了常规的计算机“窗口”。任何人都可以在便利贴或类似的纸上书写或绘制，将其贴在“窗口”工作空间，并解释基本原理。然后，小组可以讨论如何完善和改进。例如，其他人可以编辑对象上的文本，并更改其在窗口中的位置。

小组协同工作以扩展和修改、添加新对象、更改对象和移动对象以创建新的布局和分组以及更改标签和消息的措辞等，同时传达他们的思路和每次更改背后的原因。结果可立即通过演练作为低保真原型来进行评估(通常记录为视频以供进一步共享和评估)。在大多数采用这种参与式设计的项目环境中，它通常采用的是咨询式设计模式，即用户参与设计的组成部分，但专业的设计从业者对总体设计负有最终责任。

PICTIVE已在几个实际产品设计项目的背景下进行了非正式评估(Muller, 1992)。用户参与者报告说，他们从该过程获得了乐趣，而且有人能接受他们的设计思路，他们感到非常满意，尤其是在看到这些设计思路包含到小组的输出之后。

19.3 心智模型如何用于娱乐的一个例子

缺乏正确的用户心理模型是喜剧电影《曲线球》中运用得最多的梗。还有一个例子，那是1992年的电影《我的表兄维尼》中的一个场景，玛丽莎·托梅(饰演维尼的未婚妻蒙娜丽莎·维托)试图拨打一个简单的电话。在这个典型的“如鱼离水”* 场景中，一个来自纽约的傲慢的年轻女人在一个死气沉沉的南部小镇面对一部老式的拨号电话。当她用力戳洞洞里的那些数字时，她的按键式操作“心智模型”与老式拨号盘的“现实”之间的映射完美匹配，所以你对此发出了会心的微笑。

* 译注

在这样的场景中，形容一个人面对全然陌生的环境，或者说“格格不入”。

但是，为避免你认为她完全与时代脱节，这里有必要提醒一下，正是她凭借其专业的汽车知识破了案，证明嫌疑人的1964年款别克云雀不可能在便利店外留下两条轮胎印，因为这台车子并没有配置限滑差速器。

第Ⅳ部分

原型化候选设计

第Ⅳ部分简要介绍如何制作UX设计原型。要展示不同类型的原型，以适应不同类型的设计情况。深入讨论作为敏捷UX设计事实标准的线框原型。讨论如何在原型中建立越来越高的保真度，并展示如何为UX设计金字塔的每一层开发原型：生态、交互和情感影响。

第 20 章

原型设计

本章重点

- 原型的深度和广度
- 原型的保真度
- 线框原型
- 流程原型
- 建立越来越高的保真度
- 特制原型

20.1 导言

20.1.1 当前位置

在每章的开头，都会以“当前位置”(You Are Here)为题，介绍本章在“UX轮”(The Wheel)这个总体UX设计生命周期模板背景下的主题(图20.1)。本章讨论如何执行“原型化候选UX设计”生命周期活动。

本章描述了原型的类型，以及如何在“原型化候选方案”生命周期活动中制作线框流程和线框。

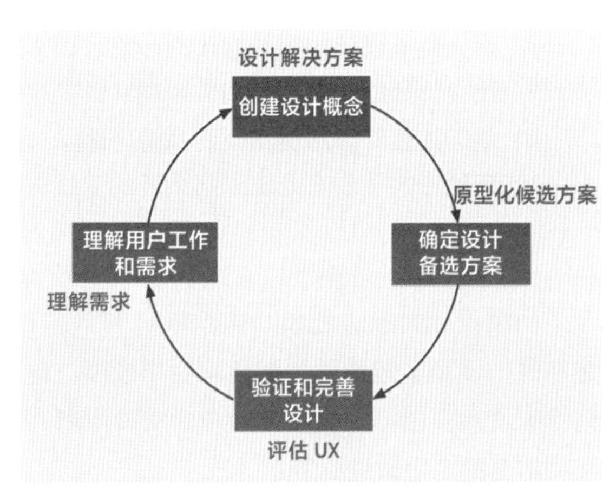

图 20.1
当前位置：总体 UX 生命周期过程的“原型化候选方案”生命周期活动

20.1.2 原型设计与其他 UX 活动交织在一起

第 5 章说过，我们只能分不同的章来单独描述每个生命周期活动，但它们实际上是在一起的，会一起发生。它们在整个生命周期内紧密交织和交错。

原型设计是这种交织的一个很好的例子。请参阅关于生成式设计的第 14 章，其中原型设计从设计创建之初以草图的形式进行，并在剩余的大部分设计过程中继续以线框和其他形式出现。

20.1.3 困境和解决方案

为确保设计的正确性，而且是最佳设计，唯一的办法就是对其进行 UX 评估。然而，早期有一个设计，却没有可供评估的产品或系统。但是，如果等它实现 (成产品或系统) 之后再去修改，会变得非常困难和昂贵。

在必须投入资源来构建真实的东西之前，原型提供了一些可供评估的东西。原型使你更快地失败，更快地学习，更早取得成功。

20.1.4 原型设计的优点

原型具有下面这些优点。

- 提供平台来支持与用户一起进行 UX 评估。
- 为用户和设计师之间的沟通提供具体的基线。
- 提供对话“道具”以交流不易口头表述的概念。
- 允许用户“试试设计”，毕竟很少有人会在不试驾的情况下买下汽车，或不先试听就买下音响。
- 在客户和开发人员组织中提供项目可见性和认同。
- 鼓励早期用户参与和投入。
- 给人留下设计很容易修改的印象，因为原型显然不是成品。
- 让设计师能立即观察用户表现和设计决策的后果。
- 帮助销售管理层提出新产品的思路。
- 帮助影响从现有系统到新系统的范式转变。

范式或思维模式
paradigm

指导思维和行为方式的一种模型、模式、模板或知识性认知或观点。从历史上看，针对一个思想和工作领域，范式随着时间的推移，会一波接一波地被人们认知并加强 (6.3 节)。

20.1.5 原型的普遍性

原型设计的想法是永恒 (timeless) 和普遍 (universal) 的。汽车设计师构建和测试模型，建筑师和雕塑家制作模型，电路设计师使用“面包板”，艺术家使用草图，飞机设计师构建实验原型并试飞，甚至达芬奇和电话之父贝尔也都亲手做过原型。

爱迪生以在获得正确设计之前制作数千个原型而闻名。无论什么情况，原型的概念都是让设计团队和其他人能尽早观察最终产品的关键——评估思路，权衡替代方案，并看看哪些有效、哪些无效。

戏剧对话设计大师希区柯克以使用原型来完善其电影情节而闻名。希区柯克会在鸡尾酒会上讲各种不同的故事，观察听众的反应。他会尝试用各种序列和机制来揭示故事情节。故事的细化以听众的反应为评估标准。电影《惊魂记》就是这种技术成果的一个显著例子。

20.1.6　原型设计的斯堪的纳维亚起源

和总体生命周期过程的其他许多部分一样，UX 的原型设计的起源，尤其是低保真原型设计，可以追溯到 Bjerknes, Ehn, & Kyng, 1987; Ehn(1988) 对斯堪的纳维亚工作活动的研究和实践以及参与式设计工作 (Kyng, 1994)。这些形成性的作品强调要在设计早期进行详细的交流，并参与理解该设计的要求。

活动理论
activity theory
基于人机交互 (HCI) 对一个理论描述框架的归纳和抽象。该框架基于苏联心理活动理论 (Soviet psychological activity theory)，并由斯堪的纳维亚研究人员于 20 世纪 80 年代改编 (11.3.1 节)。

20.2　原型的深度和广度

原型背后的思路是为设想的UX设计提供快速且易于修改的早期视图。因其必须快速且容易地改变，所以原型是某些方面比一个完整的实现要少的设计表达 (design representation)。你选择原型设计方法的目标是如何减少它 (make it less)。减少它的一种方法是只关注系统的广度 (breadth)，或只关注系统的深度 (depth)。

按广度分解系统的特性和功能时，会得到一个水平原型。按深度切片，则会得到一个垂直原型 (Hartson & Smith, 1991)。Nielsen(1993) 这本涉及可用性工程的书阐述了水平原型和垂直原型的相关概念，如图 20.2 所示。

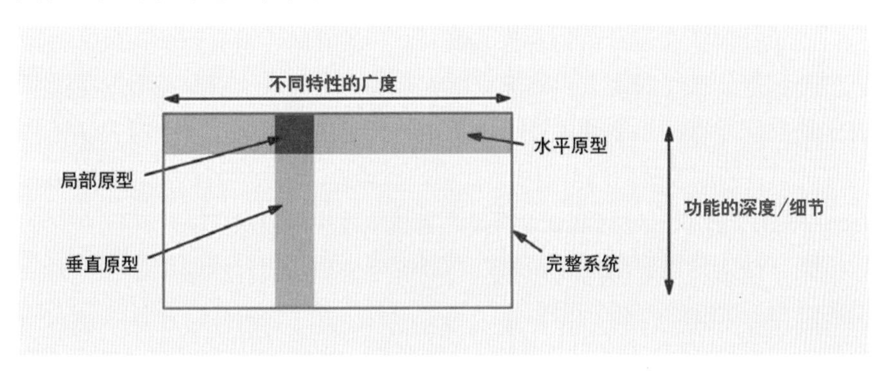

图 20.2
水平原型和垂直原型设计概念 [经许可改编自 Nielsen (1993)]

20.2.1 水平原型

水平原型(图 20.2 顶栏)集成了非常广泛的特性，但在这些特性的工作方式方面提供的深度不足。水平原型是开始原型设计的好地方，原因是它提供了一个概览，可在此基础上采用自上而下的方法。水平原型在展示产品概念和向经理、客户和用户传达早期产品概览方面非常有效 (Kensing & Munk-Madsen, 1993)。但是，由于缺乏深入的细节，横向原型通常不支持完整的工作流程，而且这种原型的用户体验评估通常不太现实。由于这些原因，早期漏斗中的原型设计本质上往往是水平的。

20.2.2 垂直原型

垂直原型(图 20.2 竖栏)包含某些功能更多的细节深度，但只针对选择的一小部分特性。垂直原型允许测试有限范围的特性，但要求其中包含的功能已开发了足够多的细节，以支持真实的用户体验评估。通常，垂直原型的功能可包括实际工作后端数据库的一个存根或连接。

> **早期漏斗**
> **early funnel**
> 供进行大范围活动的漏斗(敏捷 UX 模型)的一部分，通常在和软件工程同步之前用于概念设计(4.4.4 节)。

> **后期漏斗**
> **late funnel**
> 供进行小范围活动的漏斗(敏捷 UX 模型)的一部分，用于和敏捷软件工程的冲刺同步(4.4.3 节)。

若需完整表示单个交互工作流的孤立部分的细节，以了解这些细节在实际使用中如何发挥作用，垂直原型就是理想的选择。例如，你可能希望研究电子商务网站工作流程的“结账”部分的一个新设计。垂直原型可以深入显示一个任务序列和相关的用户操作。由于垂直原型通常关于单独的特性，所以常用于过程的后期漏斗部分。

20.2.3 局部原型

有时需要一个“局部原型”(local prototype)，一个在两个维度上都很窄的原型，将其重点限制在局部的交互设计问题上。局部原型用于评估特定的、孤立的交互细节的设计备选方案，例如一个对话框、一个图标的外观、消息的措辞或单个交互对象的行为。

若设计团队在设计讨论中进入僵局，一段时间后没有达成一致，并且人们开始重复自己的观点，局部原型就是解决方案。使用研究数据在这个特定的问题上可能不清楚，进一步争论只能是浪费时间。这个时候，要将特定的设计问题放到测试列表中，让用户或客户以一种“特性对峙”(feature face-off) 的方式对其进行测试，帮助在备选方案中做出决定。

由于决定的是特定问题，所以局部原型要独立于其他原型使用，而且是临时和一次性的，寿命很短。

20.2.4 T 原型

T 原型结合了水平和垂直原型的优点 (图 20.2 的 T 字区)，为设计评估提供了一个很好的折衷方案。大部分特征宽度在浅层 (T 的横条) 实现，但有一部分在深度 (T 的竖条) 完成。

早期推荐使用 T 原型，因其在两个极端之间提供了很好的平衡，兼具两者的一些优势。一旦在水平原型中建立了系统概述，基于现实，T 原型是达到某些深度的下一步。随着时间的推移，水平基础支持整个原型不断在垂直方向增长。

20.3 原型的保真度

除了深度和广度，还有一个维度是原型的保真度。在此维度上，需要在完整性和成本 / 时间方面做出权衡。原型的保真度反映了客户和用户对它的“完成”程度 (Tullis, 1990) 的感知。所谓“完成”程度，是指内容和功能的完整性，以及外观的精致程度。

一般来说，较低保真度的原型完成度较低，但更灵活，可以更快地以较低的成本构建。但是，随着在项目开发阶段的进展，对原型保真度的需求会增加。目标保真度取决于项目进展到哪个阶段，以及你使用原型的目的。

原型保真度过去有多种描述和使用方式。在这里，我们专注于他们在敏捷 UX 过程中扮演的实际角色。20.5 节将基于各自不同的目的描述这些原型保真度。

20.4 线框原型

线框现在是 UX 实践中的首选原型设计技术。大部分线框原型将在“交互设计创建”(详见第 14 章) 期间制作。

20.4.1 什么是线框

线框 (wireframe)* 是单个交互页面或屏幕 (最广泛意义上的“屏幕”，不限于电脑屏幕) 的草图、图像或原型。

如 17.5 所述，线框是由直线、弧线和顶点构成的二维草图或绘图 (因此称为“线框”)，再加上一些标签文本，用于表示页面或屏幕的交互设计布局。这些线框最好使用软件工具 (例如 Sketch，https://www.sketchapp.com/) 生成。

*** 译注**

wireframe，mockup 和 prototype 三者经常被混用，有时甚至统一译为“原型”，实际上，三者分别为线框图 (由项目经理负责) 功能导向、视觉稿 (由 UI 视觉设计师负责) 和原型 (由前端、后端 iOS 工程师 /Android 工程师负责)。

20.4.2 线框设计元素

低保真线框通常没有图形设计元素，例如图像或具体的颜色 / 排版。线框中表示的典型元素如下。

- 标题
- 页脚
- 内容区域
- 加标签
- 菜单
- 标签页的标题 (可带下拉菜单)。
- 按钮
- 图标
- 弹出窗口
- 消息
- 导航栏，导航链接
- 标志和品牌图像的占位符
- 搜索框

利用迄今为止为设计所做的一切工作。使用概念设计、设计场景、构思、画像、故事板以及创建的其他一切内容，将你的设计思路第一次付诸实现。

故事板
storyboard
以一系列草图或图形剪辑的形式出现的可视场景，通常带有注释，用动画"帧"说明用户和设想的生态或设备之间的相互作用 (17.4.1 节)。

20.4.3 线框流程原型

UX 专家在使用框、箭头和其他简单形状进行原型设计时，最常用的术语就是线框。但在行业实践中，虽然经常用该术语的复数形式 (wireframes) 表示多个单独的线框的流程和序列，但在这种情况下更准确的术语是线框流程 (wireflow)。

什么是线框流程原型？

简单地说，线框流程[①] 原型 (图 20.3)，或简称为线框流程，是解释了交互设计中的导航流程的一个原型。线框流程在结构上是一个有向图，具体描述如下。

- 节点是线框。
- 弧线是代表线框之间导航流程的箭头。

很快就会讲到，线框流程原型的基础是用户工作流程的一个状态图。

① http:/nform.com/cards/wireflow/，https:/www.nngroup.com/articles/wireflows/

注意，流箭头来自交互对象 (按钮或图标等)，用户可在一个线框内对其进行操作 (例如点击) 以导航到后续线框。

大多数用作 UX 原型的线框配置实际是线框流程原型，其中既包括单独的线框，还包括连接它们的导航箭头。为简化术语，我们主要使用行业术语“线框”或“线框堆叠”而不是“线框流程”来指代整个原型。

状态图
state diagram(UX)
一种有向图 (directed graph)，其中节点是对应于屏幕的状态 (在最广泛的意义上)，弧线 (或箭头) 是由用户操作或系统事件导致的状态之间的转换。在线框图和线框原型中用于显示屏幕之间的导航 (9.7.6 节和 20.4.4.2 节)。

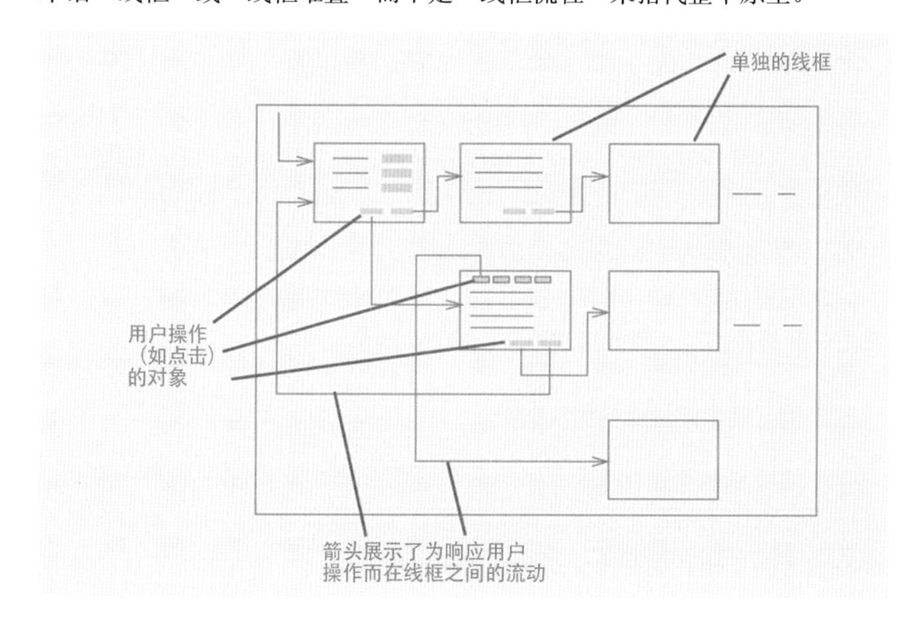

图 20.3
常规线框流程图

20.4.4　表示交互的常规过程

图 20.4 总结的是为一个特性的相关任务集建立交互设计的演进过程。

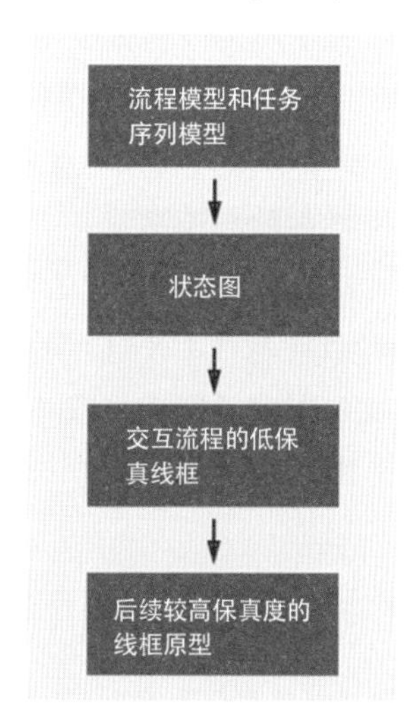

图 20.4
从使用研究模型到线框的常规演进过程

1. 聚焦于用户工作流程

首先要详细了解用户工作流程和导航 (从最一般的意义上说)。流程模型 (一个简单的图示，用于概览作为用户操作的结果，信息、工件和工作产品如何在用户工作角色和产品 / 系统组件之间流动，参见 9.5 节) 是一个起点。更详尽的任务序列模型 (task sequence model) 用于填充有关用户操作和结果导航路径的细节 (图 20.4 顶部)。

2. 用状态图表示流程和导航

基于任务序列模型，对任务排序和导航进行原型设计的下一步是创建一个或多个状态图 (图 20.4 的下一个节点)，它帮助我们在设计的交互视图中表示流程和导航的细节，使我们更接近一个完善的设计。

从主要导航路径 (流程的本质) 开始，最开始可省略不必要的细节、特殊情况和边缘情况，例如错误检查、确认对话等。

示例：捆绑网络服务的状态图

“网络基础设施和服务”团队是弗吉尼亚理工大学 IT 部门的一部分，负责为教职员工和学生提供网络和通信服务。他们维护用于订购、计费和维护服务的系统，例如建筑物和教室的无线上网接入以及教职员工办公室和实验室的有线以太网。服务还包括所有校园电话和教室中使用的有线电视。

作为其使命的一部分，硬件、软件和 UX 人员要开发一个系统来支持客户订购网络服务。本例[①] 关于的是一个基于 Web 的功能，它以流行的配置捆绑了多个服务。为了理解这个例子，你需要知道每个服务都可以在一个“套餐”中提供 (例如，对于以太网连接速度的选择)，每个套餐都可以有所谓的“附加组件”，即附加的相关功能。“网络基础设施和服务”团队的专家被授权创建这些捆绑包，然后由客户选购。

支持捆绑创建的系统特性是敏捷 UX 设计的目标。从采访这些专家的原始使用研究数据开始，我们创建了一个流程模型和几个任务序列模型。它们用于创建一个早期状态图 (图 20.5) 以说明此用户任务的主要工作流程顺序。

① 感谢弗吉尼亚理工大学网络基础设施和服务部门的 Joe Hutson 和 Mathew Mathai 授权我们使用这个例子。

从“捆绑引导页”开始，用户可以查看、删除或编辑现有捆绑包或新建捆绑包。对捆绑进行编辑包括编辑捆绑包属性(例如名称、价格)和编辑捆绑包内容(例如捆绑的服务、套餐和附加组件)。保存这些更改后，用户将返回“捆绑引导页”。虽然这个图看起来很简单，但它证明了一个好的状态图的强大之处。要对不同的使用研究数据进行大量分析和合成，才能得到这个整洁的表示。

在早期设计中，状态图几乎可以直接转换为一个线框堆叠的结构。

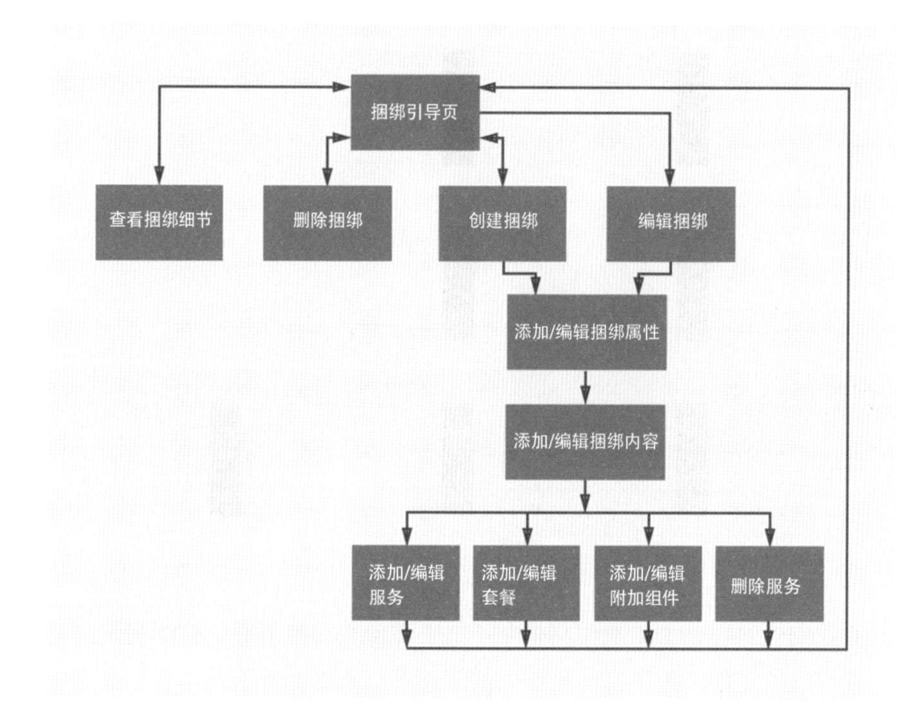

图 20.5
服务捆绑的早期状态图
(感谢弗吉尼亚理工大学网络基础设施和服务部门的 Joe Hutson 和 Mathew Mathai 授权使用)

20.4.5 为每个状态创建线框图

在线框流程图中，状态图的每个状态(每个框)都变成一个“屏幕”的低保真线框设计。在该屏幕中，要为“生活”在该状态下的事物进行设计，包括用于支持相关任务的工作空间和对话。状态图的弧线将指导你添加控件(例如按钮)以支持线框之间的导航。

工作时，可能需要添加新的状态和相应的导航来处理非主流对话，例如，处理诸如“确定删除此服务？”之类的确认请求。

充实各个屏幕的细节后，就获得在导航上下文中查看线框的更高保真度的版本 (图 20.6)。虽因篇幅有限无法显示清晰大图，但完全能从中体会到意思。

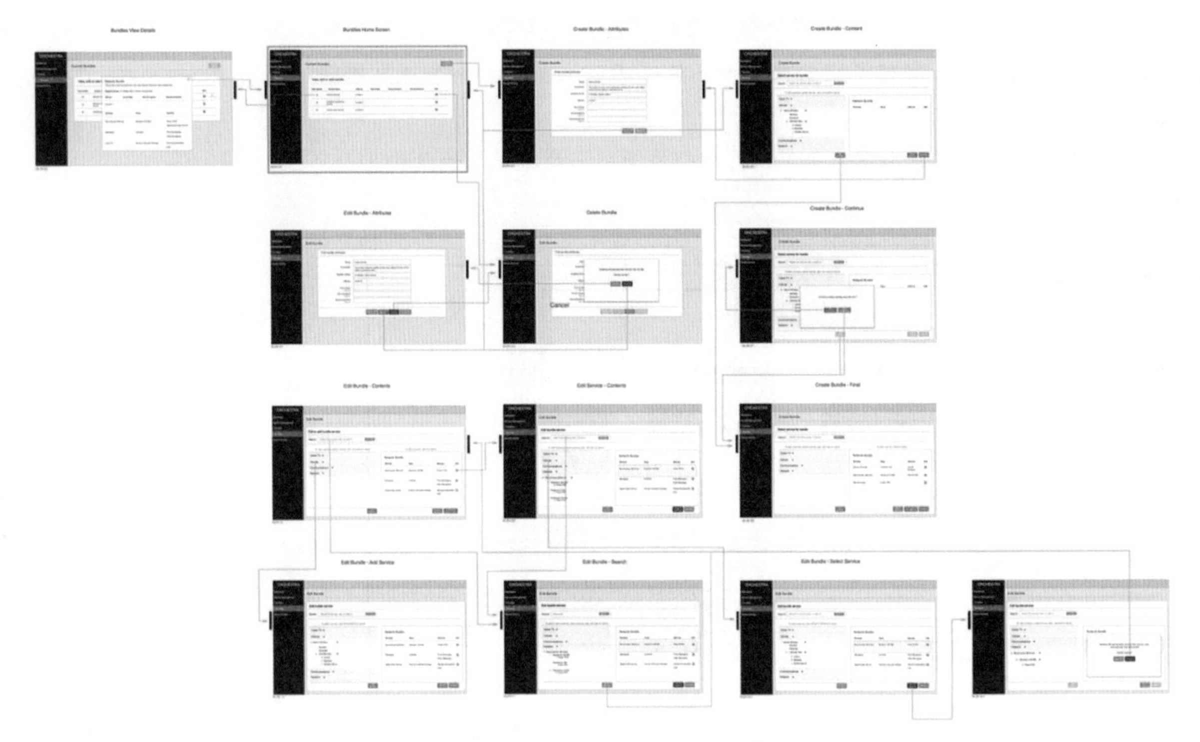

图 20.6
显示了导航的高保真线框
(感谢弗吉尼亚理工大学网络基础设施和服务部门的 Joe Hutson 和 Mathew Mathai 授权使用)

我们在自己的 UX 工作室张贴了这个高保真线框堆叠，作为我们进行设计讨论的工件。为了打印足够大的图让每个人都能看清楚，我们分别将每个线框都打印到一张纸上，并把它们粘到一起。

我们用过的另一种技术是将每个线框打印到一张单独的纸上，把它们贴到软木板上，再用图钉固定纱线来表示导航连接 (图 20.7 和图 20.8)。

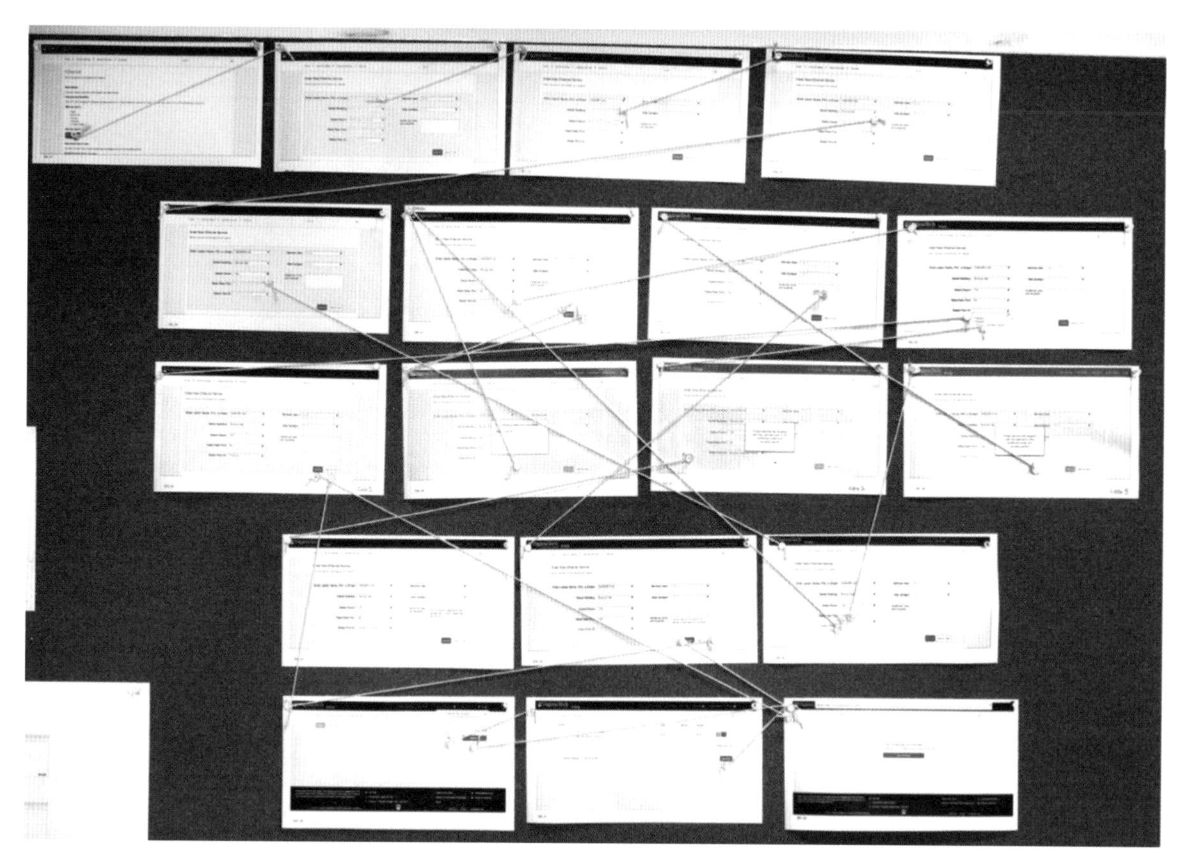

图 20.7
使用彩色纱线张贴清晰的线框流程图以表示各线框之间的导航连接（感谢弗吉尼亚理工大学网络基础设施和服务部门的 Joe Hutson 和 Mathew Mathai 授权使用）

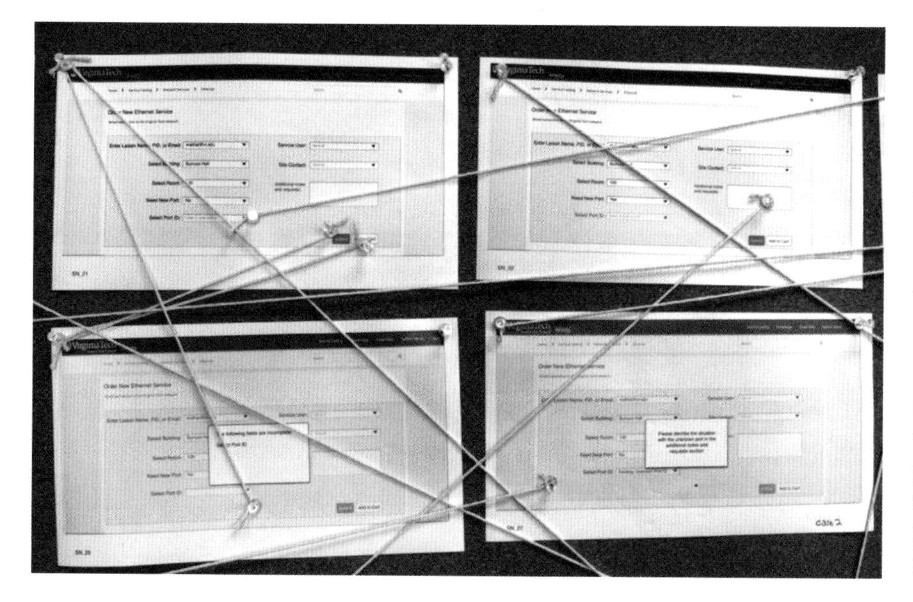

图 20.8
使用彩色纱线表示导航连接的线框流程图特写（感谢弗吉尼亚理工大学网络基础设施和服务部门的 Joe Hutson 和 Mathew Mathai 授权使用）

20.5 构建原型以提高保真度

本节将开发我们要在典型 UX 项目中使用的一系列原型，以演示在 UX 设计上下文中越来越高的保真度。

20.5.1 高级任务上下文

上一节讨论了状态图和交互流程线框图。像这样广泛地表示设计，有助于设想高级概念设计，并拓宽新兴设计的广度。这使用户从“主页”或应用程序的起始处向下深入任务层次结构，一直到他们执行所设计的特性的各个任务时的上下文。这一部分本身没有详细的任务表示，只有上下文。在我们添加或更新现有系统的大部分工作中，这是不必要的，因为上下文已经很好地建立了。

20.5.2 对生成式设计中的设计思路进行探索的极低保真度线框草图

1. 低保真原型的本质

顾名思义，低保真原型是不能忠实再现外观、感觉和行为细节的原型。相反，它们为预期的设计提供相当高级和抽象的印象。低保真版本通常没有设置图形设计元素，包括图像、颜色或排版等。当设计细节尚未确定或可能发生变化时，低保真原型是合适的。它们灵活且容易更改，迭代几乎不需要任何成本。所以，它们基本上是作为构思、草图和评审的一部分，用完就可以丢弃的草图。

2. 第一级保真

原型的第一级保真是极低保真度的线框草图，为 UX 设计团队在生成式设计中探索设计思路时进行的构思和草图提供支持。这些快而糙的设计几乎总是手绘草图的形式。它们是一次性的，寿命很短，并且会迅速变化和演进。

3. 线框堆叠

按顺序分组的一系列相关线框称为“层叠式线框堆叠”。演示此设计的流程时，可以一次移动一个线框，通过假装单击屏幕上的交互小部件来模拟一个潜在场景。这些页面序列可表示场景中的用户活动流程，但无法显示所有可能的导航路径。

设计师可讲述一个设计场景，其中用户操作导致导航在这一叠线框内相应的图像之间前进。

20.5.3　与 UX 团队一起用静态低保真线框来总结和巩固设计

一旦完成一组屏幕的初始生成设计，并至少初步确定了最有前途的候选设计，就可开始创建一组保真度稍高的线框，来表示你认为当前处于该设计的什么位置，从而在 UX 团队中为自己进行总结和澄清。要模拟导航，只需说“点击此处”并手动移动到笔记本电脑上的下一个线框。

虽然这些比设计探索草图的保真度高一点，但这些低保真线框仍然只是屏幕的静态草图，因为还是没有交互或导航。

有时，可考虑使用线框的纸质打印稿，并在桌面上移动它们，以向 UX 团队和其他人展示设计思路。在早期设计审查和演练期间，原型的“执行者”可操纵这些纸来响应模拟的用户操作。如果你向利益相关方展示纸原型 (我们经常这么做)，UX 团队成员可直接在纸上写下重新设计的意见。

作为替代方案，也可以直接在笔记本电脑上显示屏幕，通过投影仪进行讨论。

较低保真度意味着初始的成本效益

它位于保真度范围的最低端，每付出一个单位的努力，通常都能从用户体验相关评估中获得最大的利益。为尽早发现和修复大多数真正明显的可用性和 UX 问题，我们认为，这种纸上线框原型非常有效。低保真原型的进化程度要低得多，所以成本也低得多。制作好的高保真原型要花不少时间，而构建和迭代低保真原型只需花不到这个时间的零头。虽然原型和成品之间可能存在着很大的差异，但在发现设计中的 UX 问题方面，低保真原型还是非常有效的。

由于低保真原型的简单性和保真度明显不足，因此导致许多 UX 设计师都忽视了它的潜力。利用线框原型的设施，你能为一组相关的用户任务创建设计，在低保真线框流程原型中实现它们，和用户一起评估，并修改整个设计，所有这些都能在一天左右的时间内完成。

示例：以太网服务订购的低保真线框草图

图 20.9 展示了弗吉尼亚理工大学网络基础设施和服务部门的 UX 团队用于订购以太网服务的新设计的低保真线框图。

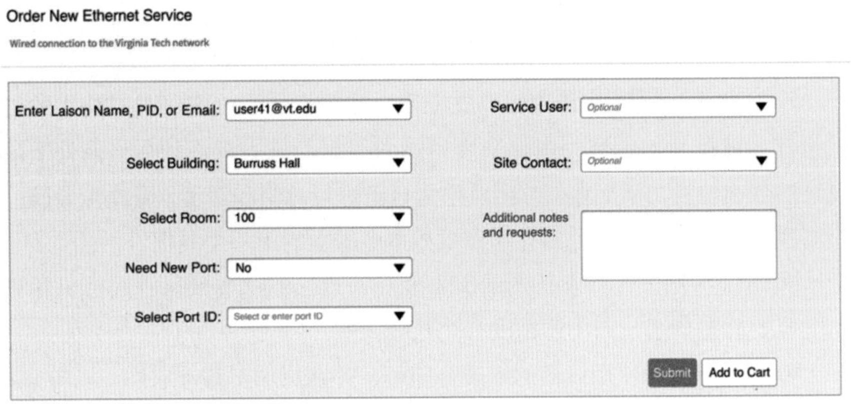

图 20.9
用于以太网服务订购的低保真草图线框（感谢弗吉尼亚理工大学网络基础设施和服务部门的 Joe Hutson 和 Mathew Mathai 授权使用）

20.5.4 为后续设计审查和演练提高线框保真度

处理设计并向利益相关方返回更完善的版本时，需稳步提高线框的保真度。可通过添加更多屏幕并向每个屏幕添加更多细节来做到这一点。可考虑添加一些颜色和一些品牌特色。使用静态图像(例如 JPEG)作为基本模板，在其中包含保真度较高的背景、配色方案和样式，从而提高线框图的保真度。

示例：为以太网服务订购提高线框保真度

图 20.10 的静态图像是图 20.9 的相同屏幕设计的高保真版本，其中包含接近目标外观和感觉的背景、颜色和样式。在本例中，该设计样式模板是从组织中负责正式设计外观的高层人员那里获得的。我们截取该模板的 JPEG 屏幕截图，在 Sketch 应用中打开它，并将其保存为背景图像以供所有屏幕使用。我们使用 Sketch 绘图工具复制线框设计中的颜色、背景和样式。

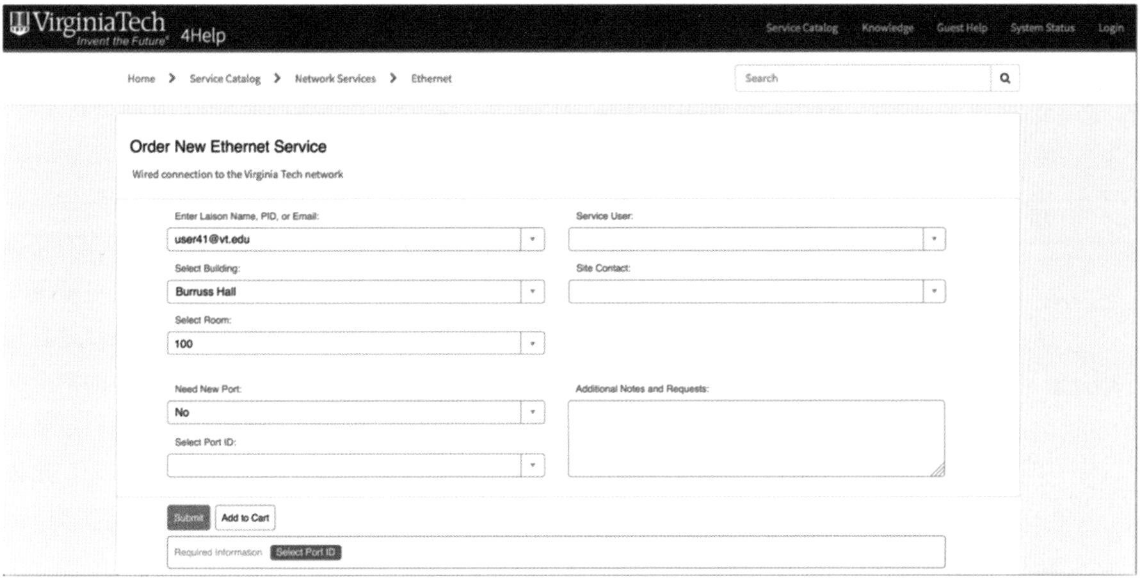

图 20.10
更高保真度的以太网服务订购线框显示了预期的颜色和样式（感谢弗吉尼亚理工大学网络基础设施和服务部门的 Joe Hutson 和 Mathew Mathai 授权使用）

快速高效地工作。建立可重用表单和模板以及预定义 UI 对象的一个“库”来重用小部件。你甚至可以为自己建立特定样式的库；例如，Windows 或 Mac 样式，或者你个人的品牌样式。事实上，甚至不必使用“真正的”小部件，只需从 UI 对象库中挑选一些看起来很接近的即可。

目标是让客户和用户非常快地看到一些 UX 设计，通常是通过设计审查和演练评估技术。由于保真度很低，UX 人员不得不手动操作原型。线框标识符对于将交互对象上的用户操作“连接”到工作流程的后续线框至关重要。UX 团队可将早期评估中观察到的 UX 问题标注到纸质线框上。甚至可以直接在原型上手绘可能的设计解决方案，并从用户那里获得反馈。

始终在保真度（能不要就不要）和效率（始终需要）之间进行权衡。例如，如果不需要让日历上的日期和现实世界对应，甚至可以重复使用已包含任何日期的示例日历。

用草图工具为交互对象建立模板库

可通过包含交互和 UI 样式库以及 UI 对象 (例如图标、按钮、菜单栏、下拉菜单、弹出窗口等) 的工具来提高外观和感觉的保真度，从而提高效率。不要浪费时间通过反复构建这些交互对象。

重用库中包含的设计对象模板，可帮助你在设计之间保持一致性，而且肯定会提高你的效率。像 Sketch 这样的工具允许你构建此类小部件 (称为元件的库并重用它们。元件可以嵌套和定义，以指定实例化时可被覆写的各个方面。例如，设计师可创建带有常规文本标签的按钮元件，并且每次在屏幕上实例化该元件时都覆写该标签。例如，同一按钮元件的两个实例可以有两个不同的标签："保存更改"和"放弃更改"。此外，更新一个元件，将自动更新层叠式线框堆叠内该元件的所有实例。例如，如果该按钮元件的形状或颜色发生更新，这些变动会自动传播到它的所有实例。

一旦为目标平台定义好元件库，或选好别人构建好并可供下载的一个流行元件库，就可以非常高效和快速地生成详细的线框堆叠。利用 Sketch 等现代工具提供的功能，即使对大型线框堆叠进行大规模更改也可以相当快地完成。

20.5.5 用带有某些导航行为的中等保真线框支持早期设计审查和演练

准备好与客户、用户和其他利益相关方进行最早的设计审查时，可通过一些初始"热点"、链接或活动按钮来连接一个堆叠中的低保真线框。可点击这些交互对象来遍历这些屏幕，从而模拟导航行为来演示交互流程。这些原型通常只提供了这么多的功能。但正是因为有了这个附加功能 (可点击)，所以这种线框被称为"点击原型"(click-through prototype)，它们可以快速、轻松地创建和修改。另外，由于它们是机器可读的 (而非纸质)，所以很容易共享。

在设计审查和与 UX 团队以及其他利益相关方的演练中，我们对点击线框原型进行评估。这实际只是从一种静态的可视线框切换为另一种。但是，由于一些链接现在能工作了，原型可由小组中的任何人在笔记本电脑上操作，将其投影到屏幕或电视上以供查看和讨论。

添加链接需要花费更多的精力，而且随着线框堆叠的变化，需要进行更多的维护，但因此而增加的真实感是值得的。用户和客户会惊呼，这太逼真了，看起来和真的一样。

这些最早的设计审查通常会导致我们回到 UX 工作室，修改设计，再将结果拿回给同一批受众以进行确认和 / 或获得更多反馈。

20.5.6　支持实证评估的中高保真点击原型

一旦确定了每个线框的布局并决定好颜色，而且所有文本、标签、框、小部件和链接都已准备就绪，就可考虑从设计审查和演练评估转向和真正的用户一起进行实证测试 (empirical testing)，由他们负责操作原型。

如今，基于用户的实证评估不是你总是有时间做的事情，但在需要的时候，需准备好正确的原型来支持它。为了支持基于用户的实证评估 (empirical evaluation) 或分析评估 (analytic evaluation)，可能需要转向具有更详细地表示了设计的中高保真度编程原型，其中包括外观和交互行为的细节，甚至可能包含与系统功能的连接。HTML5 和 CSS3 是编程原型的常用技术，通常由 UX 团队专门的“原型师”开发。

可用包含脚本的原型 (用脚本语言来编写) 为一组线框提供更多响应用户操作的能力，例如指向真实或模拟功能的链接。这种新增的行为仅受脚本语言能力的限制，但这样就要开始着手原型编程，通常并不是一条非常划算的路径。

脚本语言相对容易学习和使用，而且作为高级语言，可以非常快速地产生某些类型的行为 (主要是导航行为)。 但是，它们仍然不是实现很多功能的有效工具。

为了准备与用户的评估会话，可能需要详细说明与作为评估重点的工作流程相关的所有设计状态。

在需要高度严谨且风险很高的项目中，高保真原型虽然更昂贵和耗时，但可以带来必要的洞见；它仍然比构建最终产品更便宜、更快。高保真原型还可拿给市场部的人员去做售前演示，甚至可用作为公司筹集风险投资的演示。但也仅此而已，高保真原型超出了大多数项目的需求，尤其是敏捷开发项目。

1. 包括“诱饵”用户界面对象

如目标是和真实用户一起进行实证评估，需确定原型代表的是真实设计。这意味着它们要有水平覆盖范围 (参见图 20.2)。如果只有执行初始基准任务所需的 UI 对象，那么用户只执行这些任务未免不切实际地容易。和成品相比，用这种初始的交互设计进行用户体验测试，并不能很好地了解

水平原型
horizontal prototype
一个包含非常广泛的特性的原型，但在其具体功能方面，仅提供深度很浅的覆盖 (20.2.1 节)。

基准任务
benchmark task

描述了参与者在 UX 评估期间要执行的任务，旨在获得任务时间和错误率等 UX 度量值，并将其与多个参与者的表现基线值进行比较 (22.6 节)。

参与者
participant

参与者，或称用户参与者，是帮助评估 UX 设计的“可用性”和“用户体验”的用户、潜在用户或用户代理人 (surrogate)。这些人在我们观察和度量时执行任务并提供反馈。由于我们希望邀请这些志愿者加入团队，帮我们评估设计 (换言之，我们希望他们参与进来)，所以我们使用“参与者”一词来代替“主体”(subject)(21.1.3 节)。

设计的易用性。它还应包含许多可供选择的 UI 对象，以及可在任务期间做出的其他许多选择。

所以，应该包括其他许多“诱饵”按钮和菜单选项等，即使点击了这些东西之后什么都不会发生——这样，参与者看到的就不仅仅是他们基准任务的“快乐路径”(用户会采取的最常见步骤)，还能看到更多。诱饵对象看上去要合理，而且应尽可能预测其他任务和其他路径。使用你的原型来执行任务的用户将面临更现实的 UI 对象集合，他们在选择下一步用户操作时必须考虑这些对象。用户点击诱饵对象，你将显示一条“尚未实现”消息 (下一节)。 这其实是一个机会，可以探查用户为什么在该对象不是你设想的任务序列的一部分时点击它。

2. 创建“该特性尚未实现”消息

这是原型对未预期或尚未包含在设计中的用户操作的响应。不要小看了它在早期原型用户体验评估中出现的频率，如图 20.11 所示。

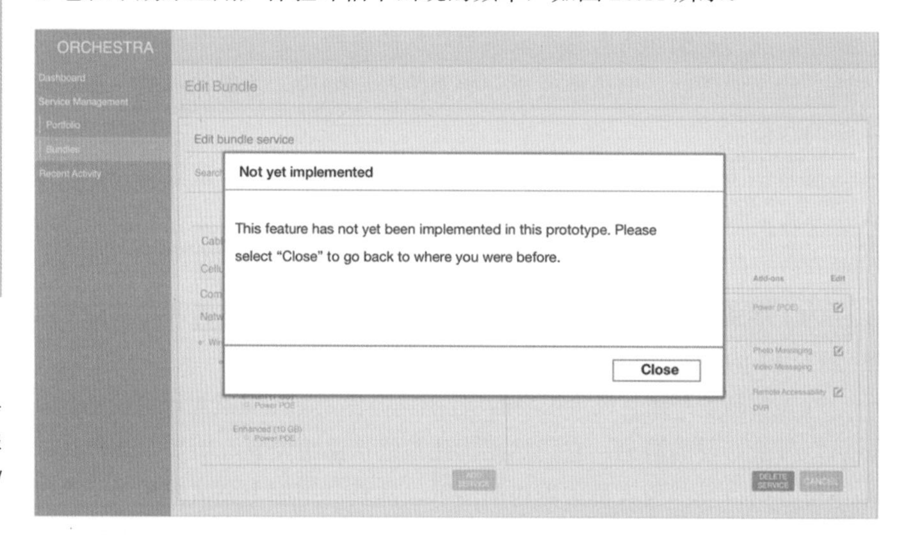

图 20.11
“尚未实现”消息 (感谢弗吉尼亚理工大学网络基础设施和服务部门的 Joe Hutson 和 Mathew Mathai 授权使用)

20.5.7 将通过评估和迭代而改善的中高保真度原型交付给软件开发人员

最后，在设计思路完成迭代，并被利益相关方认同之后，线框 (少数情况下还有编好程的原型) 可用作交互设计规范的一部分并用于设计生成。为其标注细节以描述设计和小部件的不同状态，包括鼠标悬停状态、键盘输入和活动焦点状态。现在，也可着手描述一下边缘情况和过渡效果。此时的目标是力求完整，使开发人员能够在不需要任何额外解释的情况下实现设计。

如开发人员对颜色和品牌方案没有自主权，那么这种 UX 设计规范可加入来自图形设计师的高保真视觉合成，即像素级的应用程序“皮肤”(12.5.5 节)。

视觉合成
visual comps
图形化“皮肤”的一个具有像素级精度的模型，其中包括对象、颜色、尺寸、形状、字体、间距和位置，另外还有用户界面元素的可视“资产”(12.5.5 节)。

将此原型交给软件开发人员去实现时，过程要求跨 UX-SE(软件工程) 通道进行协作。UX 人员“拥有”UX 设计，但不拥有实现它的软件。这有点像拥有一个家，但不拥有它所在的土地。“交接”(hand-off) 点是两个生命周期的重要纽带 (第 29 章)。

现在是与开发人员一起讨论它的时候了。这个原型有以下用途。

- 作为将要建造的东西的一种“契约”。
- 为以下方面提供模型 (mockups 视觉稿)：
  - 讨论实现可行性。
  - 核实软件平台的约束。
  - 核实和已实现的其他特性的一致性。

要明确说明，你会回来检查所实现的版本和设计的相容性。

不要以为 UX 团队就已经完事儿了

由于在设计中保留来之不易的高质量用户体验不在 SE 人员的职权范围内，所以 UX 人员有很大的责任确保其 UX 设计能切实地完成。这种针对最终设计的实现检查可借用质保 (QA) 这一术语，这是后期漏斗中敏捷 UX 生命周期的重要组成部分。如 SE 人员是该过程的唯一解释人，你将无法确定自己努力实现的用户体验是否仍然存在于最终产品中。

20.5.8 用于支持平面设计的可视高保真原型

在这个时候，即使高保真线框也不一定具有完全正确的图形外观和准确的颜色。大多数时候，UX 团队已为设计中用到的各种样式设计了视觉合成所需要的颜色和模板。但线框通常不必按这些标准生产。

练习 20.1：为系统构建中低保真度线框原型堆叠

目标：练习为系统中某些选定的用户任务快速构建中低保真度的层叠式线框原型。

活动：这应该是最有趣的练习之一，但也可能要耗费较大精力。

确保原型至少支持基准任务任务，可能需要提前阅读 22.6 节以了解有关基准任务的一些知识。

添加其他一些“诱饵”交互设计“特性”、小部件和对象，使原型看起来不像是只有你的基准任务才可以使用。

提示和注意事项：在此练习中，必须做更多的设计工作以完成之前练习中未完全设计好的细节，这很正常。

记住，这是一个学习过程，而不是创建完美的设计或原型。如果是团队练习，请让团队中的每个人都参与绘制或使用某个线框草图工具，而不仅仅让一、两个人做这些事情。每个人都参与进来，会做得更快。

如果不用工具，而是手绘线框图，注意，这不是美术课，所以不用担心线画得直不直，细节是否精确等。

试验以确保它支持自己的基准任务以进行评估。

交付物：一个正确、智能、“可执行”的线框原型堆叠，它支持你在用户体验测试中的基准测试任务。

时间安排：可能需要几个小时，但对于接下来的练习来说是必不可少的。

20.6 特制原型

除了作为当今 UX 设计日常的线框原型，为完整起见，我们还要介绍其他几种在特殊情况下要考虑的原型。

物理性
physicality
指与真实物理(硬件)设备的真实的、直接的物理交互，例如抓握和移动旋钮和把手(30.3.2.4 节)。

20.6.1 用于物理交互的物理模型

物理模型是物理设备或产品的有形 3D 原型或模型，通常可以握持，而且通常可用手头的材料快速制作。它们在探索和评估期间使用，至少能模拟物理交互。

具身交互
embodied interaction
以自然和显著的方式让自己的身体参与到和技术的交互中，例如通过手势(6.2.6.3 节)。

如产品或系统(例如手持设备)的主要特征是物理性(physicality)，那么一个有效的原型也能在与之的交互中提供相同的物理性。使用真正的软件在物理设备上为新的应用编程，意味着要在具有挑战性的硬件和软件平台上进行复杂而漫长的实现。相反，实物原型是一种相当廉价的方式，可让设计师和其他人切身体会产品的外观和感觉。

有些产品本来就是“物理”的，因为它们是用户可能握在手中的有形设备。此类产品的实物原型超越了计算机上的屏幕模拟，它能使获得对设备全方位的感受。Pering(2002) 描述了这个方法的一个较老旧的案例，讲的是结合了 PDA 和手机功能的一种手持通信设备。如果设计的是要手持的产品，请用纸板、木料或金属制作一个也能手持的原型。

或者，一个系统可能像售票机那样的“物理”。TKS 售票机是制作实物原型的理想选择。先通过构思和草图对物理设计进行头脑风暴，再构建一些放置在地板或地面上的纸板模型，添加一些物理按钮。至于屏幕，留出一个差不多齐头的开口即可。用纸板搞定了整体外观和感觉后，可以制作一个更坚固的木制版本，添加物理按钮并从内部连接一个触摸屏 (例如，iPad 或可拆卸的笔记本电脑触摸屏)，把开的口子填充好，并实现一些真正的交互。

可利用手头现成的材料和 / 或使用逼真的硬件制作实物原型。从粘好的衬衫纽扣开始，然后发展为真正的按钮开关 (要能真正按下去)。搜集尽可能接近你设想的设计中的硬件按钮和其他控件：按钮、滑块 (例如来自调光器的)、把手和转盘、拨动开关或来自旧任天堂游戏机的摇杆。

即使细节的保真度很低，但这些原型在某些方面具有更高的保真度，因其通常是三维的、具身的和有形的。可以触摸并以物理方式操纵。如果体积很小，可将其握在手中。另外，针对情感影响和除了可用性之外的其他用户体验特征，实物原型是为它们的评估提供支持的优秀媒介。

原版 Palm PDA 的设计师们随身带着一块木头，作为所设想的个人数字助理的实物原型。他们用它来探索设备的物理感觉和其他要求及其交互可能性 (Moggridge, 2007, p. 204)。 图 20.12 展示了在发展中国家用于运送人员的“人力车”风格的推车设计的粗略物理模型。

实物原型现被用于手机、消费电子产品和除了交互电子产品之外的其他产品，其中利用了在废品站、旧货店、一元店和学校办公用品店找到的现成物品，它们基本上都是一些“垃圾”(纸盘、管道清洁剂和其他有趣的材料)(Frishberg, 2006)。IDEO (http://www.ideo.com) 因其为产品构思而使用的实物原型而闻名。他们的购物车项目视频 (ABC 夜线 , 1999) 就是一个很好的例子。

实体交互
tangible interaction

涉及人类用户和物理对象之间的物理操作的交互。是工业设计的一个关键领域，涉及设计供人类持有、感受和操纵的物体和产品。与具身交互密切相关 (6.2.6.3 节)。

情感影响
emotional impact

用户体验的情感部分，影响用户的感受。这些情感包括快乐、愉悦、趣味、满意、美学、酷、参与和新颖，而且可能涉及更深层的情感因素，例如自我表达 (self-expression)、自我认同 (self-identity)、对世界做出了贡献以及主人翁的自豪感 (1.4.4 节)。

图 20.12
一个粗糙的实物模型（弗吉尼亚理工大学工业设计系副教授 Akshay Sharma 提供）

Wright(2005) 描述了物理模型的强大功能，用户能看到并实际抓握一个真实的物体，这比屏幕上显示一张图片强多了，无论这张图片有多么强大和花哨。用户能感受到产品真正的样子。用这种方法灭投射一种具身的用户体验，最终可能获得一个让用户产生惊喜和喜悦、在媒体上广受好评、并在市场上获得死忠拥趸的产品。

Heller and Borchers(2012) 为个人购电用户创建了一种物理机制，它能随时直观地了解他们的耗电情况，这是一个简单但引人注目的物理模型示例。在家用电源插座上集成一个能显示耗电情况的显示屏，他们打造了能一直工作的显示屏。消费者不必非要选择是否配备，或者是否必须连接。

通过一系列软硬件原型的迭代，最后一步是在插座内部添加一个 DIY 的印刷电路板，这使其成为一个功能齐全的模型。任何时刻的耗电都通过插座周围的色带非常直观地显示：绿色代表低能耗，黄色代表中等，红色代表高。

参见 14.3.3 节，进一步了解具现化的草图（即设计思路的物理体现）形式的物理模型。

20.6.2 主要针对移动应用的“设备中的纸原型”

原型对于移动设备上的应用非常有效，但移动应用的纸原型需要一个

“执行者”，即一个扮演电脑的人，他 / 她负责改变屏幕并根据用户的操作来完成系统的其他所有动作。这种用户和设备之间的中介角色必然会干扰使用体验，特别是当这种体验的很大一部分涉及到亲自持有、感受和操纵设备本身时。

Bolchini, Pulido, and Faiola(2009) 和其他一些人设计了一个解决方案，他们将纸原型放到设备里面，利用纸原型的优势，通过真实物理设备来评估移动设备上的界面。他们在纸上画出原型屏幕，将其扫描，然后作为设备可显示的数字图像序列载入设备。在评估过程中，用户可通过设备已经能识别的触摸或手势，在这个顺序导航中移动。

这种真实感可通过点击线框原型来实现，而无需一系列连续的屏幕。其中，屏幕上的热点可将你带到其他不同的屏幕。然后，将原型作为 PDF 文件加载到移动设备中。

这是一种灵活且廉价的技术，作者的测试表明，即使是这种有限的交互，也能产生有用的反馈；和参与评估用户的讨论也很有用。另外，通过添加关于用户交互、可能的用户想法和其他幕后信息的页面注释，页面最终可演变为一个设计故事板。

故事板
storyboard
以一系列草图或图形剪辑的形式出现的可视场景，通常带有注释，用动画“帧”说明用户和设想的生态或设备之间的相互作用 (17.4.1 节)。

20.6.3　动画原型

大多数原型都是静态的，因其依赖于用户交互来展示它们能做什么。视频动画可为概念演示、新 UX 设计的可视化以及设计思路的交流带来一个原型。

虽然动画原型不是交互式的，但至少是活跃的。在动画原型中，交互对象通过动画 (通常以视频的形式) 而变得栩栩如生，能动态和直观地展示交互的样子。

Löwgren(2004) 展示了基于一系列草图的视频动画如何将低保真原型的优势带到静态纸原型无法超越的新维度。动画草图虽然仍然“粗糙”到无法吸引参与和设计建议，但更像是情景或故事板，它可在使用环境中更好地传达流程和顺序。

HCI 设计师早在 20 世纪 80 年代就在使用视频将原型变为现实 (Vertelney, 1989)。一个简单的方法是在视频的翻书式序列中使用故事板框架。或者，如果已经有了一个相当完整的低保真原型，就可以制作一种“粘土式”逐帧视频，动态拍摄其部件在交互任务中的移动。

20.6.4 体验原型设计，高保真实物原型的目标

正如 Buchenau and Suri(2000) 指出的那样，如果有人跟你说了什么，你会忘记。如果自己看到了什么，你会记住。但只有自己做了，才能真正明白。

对于某些领域，为了让参与者充分了解设计情况和上下文以提供有效的反馈，他们使用的原型必须允许他们实际执行所设计的活动，参与并沉浸在主观体验中。为了了解用户的感受，参与者不能只是被动地接触原型的演示或演练。相反，要积极参与其中 (Buchenau & Suri, 2000, p. 425)。

每个人都能理解的一个例子是某种飞机的完整飞行模拟器。仅仅看着屏幕并让别人告诉你会发生什么是不够的。接受培训的飞行员必须尽量用真家伙来体验飞行。

但飞行模拟器是一种特殊情况，几乎与真正的飞机一样复杂。Buchenau and Suri(2000) 讨论的是在没有那么昂贵或复杂的领域取得成功的体验原型。例如，在一个设计具有互联网功能的心脏遥测系统的项目中，系统包括一个现场向心脏病患者提供除颤电击的设备 (Buchenau & Suri, 2000, p. 426)，参与者必须模拟使用几种在不同使用环境下的设计，以提供完整的上下文反馈。

本例使用一个体验原型 (experience prototype) 来支持使用研究。参与者要求在周末佩戴一台传呼机。如果此设备收到一个传呼，就表示患者受到了相当大的电击，目的是阻止远程设备检测到的心颤。还为他们配发了一台相机，用于拍摄“电击”发生时的周围环境。另外配发了一个笔记本，用于记录体验，他们当时在做什么，以及在那个确切的时刻被真正的除颤电击惊呆了会是什么感觉。

参与者很快就明白在实施此类电击之前收到警告的必要性——最起码是为了安全 (例如，他们可能正在抱着婴儿，或者正在操作电动工具)，以及做好心理准备。另外，需要一种方法来向旁观者解释患者的病情。此时的“高保真”意味着要让参与者接近真实事物的体验。

20.6.5 “绿野仙踪”原型

虽然现在很少在实践中看到这种类型的原型设计，但为了内容的完整性，这里还是要稍微介绍一下。“绿野仙踪” (Wizard of Oz，也称奥兹巫师)

原型技术是一种看似简单的方法，它在表面上提供了高度交互性。在用户输入不可预测的复杂情况下，它是一种快速生成高度灵活的原型行为的方法。它需要两台连接到一起的计算机，每台计算机都在不同的房间。用户的计算机作为“从属”连接到评估者的计算机。用户在计算机上进行输入操作，这些操作会直接发送给评估者计算机上的团队成员，后者隐藏在第二个房间中。评估人员在隐藏的计算机上看到用户输入，并将适当的模拟输出发送回用户的计算机。

这种方法的优点在于，用户感受到的交互性明显提高。如果灵活和自适应的“计算机”行为至关重要——如人工智能和其他难以实现的系统——这种方法尤其有效。受益于人类评估人员的才智，这个“系统”永远不会出故障或崩溃。

在我们所知的最早使用的绿野仙踪技术中，Good, Whiteside, Wixon, and Jones(1984) 凭经验设计了一个命令驱动的电子邮件界面来适应新手用户的操作。用户没有得到任何菜单、帮助、文档或说明。

当系统本身无法解释输入时，用户不知道有一个隐藏的操作员正在拦截命令。设计被反复修改，使其能识别并响应之前要人工截获的输入。

最终，设计从仅能识别 7% 的输入，进展到能识别约 76% 的用户命令。

绿野仙踪原型技术在你的设计思路仍然非常开放，而且你想要了解用户在模拟交互过程中的自然行为时特别有用。 例如，它能很好地与售票机配合。

你需要设置预期的一般使用范围并让用户使用它。你会看到他们想要做什么。由于另一端有真人，所以无需担心是否在应用程序中针对任何给定情况进行了编码。

20.7　制作线框图的软件工具

可用任何支持创建和处理形状的绘图或字处理软件来画线框。但是，虽然许多应用程序足以进行简单的线框图绘制，但我们推荐专门为此目的设计的工具。我们使用绘图应用 Sketch 来完成所有绘图。Craft 是 Sketch 的一个插件，可将其连接到 InVision，允许将 Sketch 屏幕设计导出到 InVision，进而将热点合并为可用的链接。

InVision的“构建模式”允许一次处理一个屏幕，添加矩形覆盖作为热点。对于每个热点，可以指定当有人在“预览模式”中单击该热点时会转到其他哪个屏幕。使用 InVision 有一个特别的好处：在“操作”模式下，你或用户可以单击原型中开放空间中的任意位置，从而突出显示所有可用链接。

但讨论到此为止，我们这样的教科书不适合在原型制作软件工具方面讲得太多。该领域正在快速变化，当你阅读本书时，在这里所说的一切都有可能发生变化。另外，对于其他一些没有提及的优秀工具，这是不公平的。要想获得最新的原型设计软件工具，最好去咨询经验丰富的 UX 专家或自己上网做调研。